第一次全国自然灾害综合风险普查培训教材

地质灾害风险普查与评价

国务院第一次全国自然灾害综合风险普查领导小组办公室 编著

应急管理出版社

·北 京·

内 容 提 要

本书针对我国地质灾害发育现状，结合我国地质灾害防治需求，按照第一次全国自然灾害综合风险普查工作部署，从风险普查的工作任务和主要内容、任务分工和工作实施流程、风险普查内容和方法、1：50000 和 1：10000 地质灾害风险评价、成果编制等方面指导地质灾害风险普查工作的实施。

本书可供全国自然资源领域负责和参与实施第一次全国自然灾害综合风险普查中的地质灾害风险普查与评价工作的行政管理人员和技术业务人员参考和借鉴。

《第一次全国自然灾害综合风险普查培训教材》
编　委　会

本 书 编 写 组

主　　编　房　浩

副 主 编　张会昌

编写人员　佟　彬　张　勇　杜显祥　吴　彬　杨旭东
　　　　　杨　强　张艳玲

序 一

我国是世界上自然灾害最为严重的国家之一，灾害种类多、分布地域广、发生频率高、造成损失重，这是一个基本国情。党中央、国务院历来高度重视自然灾害防治工作，2018 年 10 月 10 日，习近平总书记主持召开中央财经委员会第三次会议，专题研究提高自然灾害防治能力，强调要开展全国自然灾害综合风险普查。按照党中央、国务院决策部署，国务院办公厅印发通知，定于 2020 年至 2022 年开展第一次全国自然灾害综合风险普查，成立了由国务院领导同志任组长的普查工作领导小组，县级以上地方各级人民政府设立相应的普查领导小组及其办公室，按照“全国统一领导、部门分工协作、地方分级负责、各方共同参与”的原则组织实施。

全国自然灾害综合风险普查遵循“调查–评估–区划”的基本框架开展，调查是基础、评估是重点、区划是关键。普查涉及范围广、参与部门多、协同任务重、工作难度大，第一次开展地震灾害、地质灾害、气象灾害、水旱灾害、海洋灾害、森林和草原火灾六大类自然灾害风险要素调查、风险评估和区划的全链条普查；第一次实现致灾部门数据和承灾体部门数据有机融合，推动部门数据共享共用，助力灾害风险管理；第一次在统一的评估区划技术体系下开展工作，形成较为完整的自然灾害综合风险评估与区划技术体系。

“工欲善其事，必先利其器。”此次普查工作是中华人民共和国成立后首次开展的自然灾害综合风险普查，没有现成模式可套、没有现成经验可循、没有现成路子可走，普查的过程本身就是一个探索创新、积累经验、推动工作的过程。本次普查涉及主体多，国家、省、市、县、乡、村都有普查队伍，各地基础不同，但技术规范和工作目标一致。在这样的情况下，一套专业、权威的教材尤为重要，它不仅仅是普查海量知识呈现的载体，同时也是普查工作者的实操指南。每一本教材都是创新的成果，都凝结着教材编著人员的辛勤汗水，承载着广大普查工作者的期盼。这套教材的编著者均为不同部门、不同领域的专家，同时也是本次普查工作的设计者、推动者和实践者，他们以高度的政治责任感和使命感，以及科学严谨的工作作风，为普查工作倾注了大量心血、汗水和智慧。我谨向他们表示崇高的敬意和衷心的感谢！

这套教材有统有分，注重理论知识与实践操作的紧密结合，突出了科学性、专业性和实用性。希望广大普查工作者能在其中汲取知识，学有所思、学有所获，也希望各级普查办和行业单位能在普查培训中用好这套教材。

郑国光

国务院第一次全国自然灾害综合风险普查

领导小组办公室主任

二〇二一年十二月

序　　二

为全面掌握我国自然灾害风险隐患情况，提升全社会抵御自然灾害的综合防范能力，经国务院同意，定于2020年至2022年开展第一次全国自然灾害综合风险普查工作。全国自然灾害综合风险普查是一项重大的国情国力调查，是提升自然灾害防治能力的基础性工作。通过开展普查，摸清全国自然灾害风险隐患底数，查明重点地区抗灾能力，客观认识全国和各地区自然灾害综合风险水平，为中央和地方各级人民政府有效开展自然灾害防治工作、切实保障经济社会可持续发展提供权威的灾害风险信息和科学决策依据。

第一次全国自然灾害综合风险普查是多灾种、系统性和综合性的普查，涉及范围广、参与部门多、协同任务重、工作难度大。对普查工作人员开展广泛的业务培训，建设一支素质高、业务精的普查工作队伍，是保障本次普查工作质量的前提和基础。为提高培训效果，规范普查数据采集、评估与区划工作，确保普查数据和成果质量，国务院第一次全国自然灾害综合风险普查领导小组办公室（简称国务院普查办）精心策划，组织自然灾害风险相关领域专家，围绕《第一次全国自然灾害综合风险普查实施方案（修订版）》，通力合作，编写完成了系列培训教材。本套培训教材体系完整、内容全面，既独立成册又相互补充，形成了较为完整的自然灾害综合风险普查培训教材体系。

参与这次自然灾害综合风险普查培训教材编写工作的人员多，既有应急、地震、自然资源（地质灾害、海洋灾害）、水利、气象、林草、住建、交通等部门的工作人员、技术支撑单位专家，又有相关高校和科研院所的专家学者，还有参与普查试点工作的普查人员。他们需要详细研究吃透实施方案，又要收集整理资料、补充案例；既要体现专业水准，又要满足通俗易懂的需求，为此付出了大量辛勤劳动。教材凝聚了所有编写人员的心血和智慧。在此，谨向所有参编人员表示由衷的敬意和诚挚的感谢！

本套培训教材在编写过程中，始终贯彻以下宗旨。一是通俗易懂，操作性强。以服务普查员为根本目的，突出实用性。教材以好学、易懂、操作性强为原则，简明扼要、浅显易懂地阐述普查内容、技术和方法，避免学术化和理论化表述。二是图文并茂、例证丰富。教材针对普查内容专业性较强的特点，将普查内容、流程、步骤利用图表和文字清晰表达出来，对于一些难点问题教材中引用了实例进行阐释。三是标准统一、特色鲜明。各教材在章节结构、格式体例、出版风格上标准统一，内容又各具特色、完整准确。

本套培训教材在编写完成后，按照国务院普查办安排部署，经主持编写单位专家审核后，由国务院普查办技术组组织全体专家审查，再由国务院普查办主任办公会审定，做到了层层把关，确保了教材培训的质量。

本套培训教材是自然灾害综合风险普查培训的权威工具书，是各级普查人员的重要参考材料，是社会公众了解自然灾害综合风险普查的窗口。希望广大的自然灾害综合风险普查工作人员用好本套培训教材，准确地把握普查的内容和要求。

自然灾害综合风险普查培训教材是第一次编写，教材中的一些不足之处，需在普查实施过程中不断修改和完善。书中疏漏和不妥之处，敬请读者批评指正。

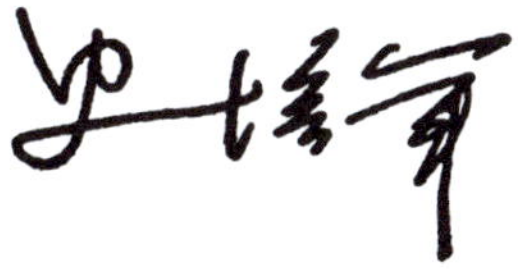

国务院第一次全国自然灾害综合风险普查领导小组办公室技术组组长

应急管理部-教育部　减灾与应急管理研究院副院长

北京师范大学地理科学学部教授

二〇二一年十一月

前　言

我国地形地貌、地质条件、气候类型复杂多样，构造与地震活动强烈，叠加人类工程活动影响，地质灾害易发、多发、频发，总体呈现点多面广的特征。根据全国 1∶100000 县市地质灾害调查与区划成果，截至 2010 年底，全国共发现地质灾害隐患点 23.9 万处。通过调查新发现隐患点，综合治理核销隐患点，至“十三五”前期，全国登记在册隐患点达 28 万余处。截至 2020 年底，全国共发现地质灾害隐患点近 33 万处，潜在威胁 1399 万人和 6053 亿元财产的安全。依据地形地貌、地质构造、岩土体类型、降水以及不合理的切坡修路、切坡建房、工程建设等地质灾害形成的自然条件和人为活动因素，把全国分成高、中、低、非 4 级崩塌、滑坡、泥石流地质灾害易发区。其中，高易发区面积为 126×10^4 km^2，中易发区面积为 277×10^4 km^2，低易发区面积为 290×10^4 km^2，非易发区面积为 267×10^4 km^2。

地质灾害防治关乎人民群众生命财产安全，关乎亿万百姓的幸福感、安全感，是党和国家的一项重要民生工程。党中央、国务院始终高度重视地质灾害防治工作，要求以对人民极端负责的精神，加强地质灾害防治。自然资源部履行地质灾害防治职责，并对地质灾害防治及技术支撑提出了高标准、严要求。然而复杂的地质环境条件叠加外部诱发因素导致我国地质灾害依然呈现高发频发态势，防治工作依然面临很大的压力。

为加快推进开展第一次全国自然灾害综合风险普查工作，支撑各级政府相关部门组织开展地质灾害风险普查，增强我国地质灾害风险防范与管控能力，特编制地质灾害风险普查与评价技术培训教材。

本书编写组

2021年9月

目　次

第一章 任务和内容

第一节 任务及主要内容

一、任务

通过组织开展全国地质灾害风险普查，摸清全国地质灾害风险隐患底数，查明防御地质灾害的能力，客观认识全国和各地区地质灾害风险水平，为国家和地方各级政府有效开展地质灾害防治、保护人民群众生命财产安全、保障社会经济可持续发展提供地质灾害风险信息和科学决策依据。

按照国家统一标准，在全国范围内统筹利用现有地质灾害调查、评价、监测、治理等基础数据；基于现有工作基础，采用遥感调查、地面调查与工程地质测绘、物探等相结合的技术手段，在受地质灾害威胁地区开展崩塌、滑坡、泥石流等地质灾害风险普查评价，判识地质灾害隐患，总结调查区地质灾害发育分布规律，查明风险隐患底数；编制地质灾害风险普查评价相关图件，建立覆盖国家、省、市、县四级的地质灾害风险普查空间数据库等。

二、主要内容

地质灾害风险普查主要是以孕灾主控地质条件和地质灾害隐患判识为主，开展 1∶50000 风险普查，深化地质灾害早期识别、形成机理和规律认识，总结成灾模式，开展不同层次地质灾害风险区划，提出综合防治对策建议，为地质灾害防治管理提供基础依据。其主要工作内容如下：

（一）开展1：50000地质灾害隐患调查

主要查明地质灾害孕灾条件和基本特征，包括地质灾害隐患的地理位置、规模等级、威胁人口、威胁财产和风险等级等；建立地质灾害调查空间数据库。

（二）视情况开展1：10000地质灾害隐患调查

根据防灾需求，视情况采用无人机三维倾斜摄影测量、三维激光扫描、边坡雷达探测等新技术新方法针对受地质灾害威胁严重的集镇等人口聚居区开展1：10000地质灾害隐患调查，主要查明地质灾害隐患的变形特征和危害程度。

（三）视情况开展1：2000高精度工程地质勘查

视情况，可选择少数重大地质灾害隐患点开展1：500～1：2000工程地质勘查，分析地质灾害形成机理、演变规律、成灾模式，评价隐患点的稳定性。

（四）开展地质灾害风险评价与区划

综合考虑地质灾害隐患危险性和威胁对象等因素，评价地质灾害风险，按照极高、高、中、低4级划分地质灾害风险等级，分类提出监测、治理、避险移民搬迁等防治对策和时序安排建议。

（五）开展地质灾害防治区划

在风险评价与区划的基础上，综合考虑区域地质灾害发育分布特征以及社会、经济、管理现有条件，划分重点、次重点和一般3级地质灾害防治区，合理提出监测、治理、避险移民搬迁等防治对策和时序安排建议。

第二节　对象与范围

一、普查对象

地质灾害风险普查评价的对象主要为崩塌、滑坡和泥石流等突发性地质灾害。

二、普查范围

地质灾害风险普查的范围为全国受地质灾害威胁的地区，即地质灾害易发区。普查工作以县级行政区为单元部署开展。

第二章　基本实施流程

第一节　任　务　分　工

一、自然资源部负责工作

地质灾害风险普查工作，国家层面由自然资源部负责统筹，省级、市级、县级普查工作由各级地方政府具体组织实施。

自然资源部结合《第一次全国自然灾害综合风险普查总体方案》（以下简称《总体方案》）、《第一次全国自然灾害综合风险普查实施方案（修订版）》(以下简称《实施方案》）的技术要求，负责以下工作：制定地质灾害风险普查评价、隐患识别和数据库建设标准规范；编制全国地质灾害危险性评价图、风险区划图和防治区划图；按照地质灾害防治三年行动、自然灾害风险普查工作进度安排，组织开展全国地质灾害风险普查与评价；组织开展形式多样的技术培训；形成全国地质灾害风险普查与评价成果，并按要求进行汇交；指导地方自然资源主管部门开展地质灾害风险普查和区划的具体任务，并按要求进行汇交等。

二、省级负责工作

各省级人民政府作为落实本地区地质灾害综合风险普查工作的责任主体，根据《总体方案》和《实施方案》的要求，结合本地区实际，编制地质灾害综合风险普查总体方案和实施细则。

省级自然资源主管部门组织开展本地区地质灾害风险普查、评价与区划；组织开展形式多样的技术培训；负责本省地质灾害风险普查数据库建设，实现与国家数据库的互联互通；编制辖区内的风险区划图和防治区划图等。

三、市、县级负责工作

市、县级自然资源主管部门依据国家和省级实施方案要求，组织开展本地区地质灾害风险普查、评价与区划；组织开展形式多样的技术培训；负责本地区地质灾害风险普查数据库建设；编制辖区内地质灾害风险区划图和防治区划图等。

第二节 工作流程

地质灾害风险普查与评价工作流程可参考以往地质灾害调查工作。视情况开展需求调研、资料收集、野外踏勘、设计书编写、野外调查、风险评价及成果编制 6 个阶段的工作。

一、需求调研

野外调查工作开始之前，工作组应与调查区地方政府和部门进行充分沟通对接，一方面汇报地质灾害风险普查与评价工作目标任务，让地方充分了解工作具体内容；另一方面充分了解调查区地质灾害防治工作现状、防灾减灾工作需求和发展规划，详细调研地方防灾减灾需求，包括国土空间规划、新型城镇化建设、产业发展等对地质灾害风险普查评价的需求。以需求和问题为导向，针对性部署地质灾害风险普查工作。

二、资料收集

所需收集的资料主要包括以下内容：

（1）调查区的基础地质、水文地质、工程地质、环境地质、岩土工程勘察等已有成果资料。这些地质工作提供了调查区较完整和较系统的地层、岩性、地质构造、地下水及矿产方面的基础地质资料，为地质灾害风险普查与评价工作的顺利开展奠定基础。

（2）调查区已有地质灾害情况、地质灾害灾情、地质灾害调查、勘查、监测、治理、防治规划及抢险、救灾等地质灾害相关资料。

（3）调查区已有的各类地质灾害发育分布、成因机制等方面的科研资料。通过收集调查区内已有地质灾害发育情况及地质灾害的研究情况，可以初步掌握调查区内已有地质灾害的类型及基本特征，初步分析调查区地质灾害发育分布状况、形成条件与诱发因素。

（4）调查区气象、水文、地方志、年鉴、城市规划等自然社会经济类资料。

对调查区已有资料进行系统收集之后开展分析研究，掌握调查区内地质环境条件和地质灾害的基本情况，发现以往工作的不足，为调查评价工作奠定基础。资料的收集与整理、分析工作应贯穿于整个调查过程中，并加以充分利用。可编制以往工作程度表格，列出在调查区开展的相关地质工作内容及成果，格式参见表2-1。

表2-1　以往工作程度汇总表

类别	项目名称或主要成果	时间	工作区域	完成单位

三、野外踏勘

设计书编写之前需开展野外踏勘。野外踏勘应当在遥感解译和数字高程模型（DEM）数据分析的基础上，重点开展遥感初步验证、地质环境条件和地质灾害发育分布规律初步调查、重大地质灾害成因机制调查等工作，了解工作条件和地质环境条件复杂程度，分析地质灾害现状和存在的关键地质问题，有利于针对性地编制设计书。

（一）遥感初步验证

地质灾害风险普查评价工作强调“遥感先行”。在充分应用高分辨率影像、干涉雷达（InSAR）等开展遥感分析的基础上，对遥感解译初步圈定的重点变形区和地质灾害的坐标、边界范围、形态特征、展布面积、主要变形破坏特征、威胁对象、诱发因素等开展现场调查验证工作，建立调查区地质灾害遥感解译标志。

（二）地质环境条件初步调查

初步调查灾害体发育的地形地貌、地层岩性、灾害体所在斜坡体坡体结构、附近断裂构造发育情况、岩土体类型及结构、植被类型等，并现场对地层产状、主要结构面产状、断层产状等进行测量，初步分析地质灾害孕育、形成与地质环境条件之间的关系。

（三）地质灾害发育分布规律初步调查

通过收集的地质灾害资料和遥感解译初步成果，调查分析地质灾害基本发育特征，初步查明地质灾害分布规律，绘制地质灾害发育分布草图。

（四）重大地质灾害成因机制初步调查

对于调查区内发育的重大地质灾害点，现场调查灾害的成因机制，分析调查区地质灾害防治关键地质科技问题，可针对关键地质灾害问题开展专题研究。

四、设计书编写

根据需求调研、资料收集和野外踏勘情况，针对调查区地质灾害基本情况编写设计书。其具体编写要求如下。

（1）设计书应做到任务明确，工作部署合理，依据充分，技术方法适用可行，经费预算合理，文字简明扼要、重点突出。

（2）应根据任务书（或合同书）要求，细化目标任务，确定量化可考核的预期成果，明确需要重点解决的问题以及专题研究内容，制定技术路线和工作进度安排，落实具体实物工作量，阐明部署依据等。

（3）应附必要的附图、附表，提交调查区以往工作程度图、工作部署图、地质灾害发育分布草图，并附工作量表。

（4）设计书编写提纲（参考）如下：

第一章　前言

第一节　目标任务

（主要内容：任务来源、任务书的主要内容、工作起始时间及成果提交时间等。）

第二节　调查区范围和自然地理条件

（主要内容：地理位置、范围或面积、社会经济概况。）

第三节　以往工作程度

（主要内容：以往区域地质、水文地质、工程地质工作情况以及与本次调查有关的其他成果，前人成果可利用程度分析，存在问题等。）

第二章　区域地质环境条件

第一节　区域地质环境背景

（主要内容：气象水文、地形地貌、地层岩性、地质构造、地震、水文地质、工程地质、人类工程经济活动等。）

第二节　地质灾害现状

（主要内容：调查区地质灾害类型、分布、数量、规模与造成的危害及防治现状等；亟须解决的关键地质问题、技术方法、监测预警手段等。）

第三节　遥感解译与隐患识别初步成果

（主要内容：采取的遥感技术方法，解译成果，初步圈定的重点变形区和地质灾害隐患类型、范围、变形趋势等。）

第三章　工作部署

第一节　工作部署原则

（主要内容：总体工作思路和部署原则。）

第二节　总体工作部署

（主要内容：不同调查区的工作部署。专题研究或专项调查应阐述调查区研究现状、存在的关键问题和研究的必要性、可行性，提出目标任务、研究思路、研究内容。）

第三节　工作安排

（主要内容：分阶段安排的主要内容和工作量。）

第四章　工作方法与技术要求

（主要内容：分节论述适合于调查区并将采用的地质灾害调查工作方法及技术要求，不同比例尺地质灾害风险评价方法及要求；拟采用的新技术、新方法及要求；工作的技术路线。）

第五章　实物工作量

（主要内容：论述各主要实物工作量的部署思路、空间部署情况，列表说明各类实物工作量；编制工作部署图。）

第六章　经费预算

第七章　组织管理

第一节　组织管理措施

第二节　人员组成及分工

第八章　技术管理措施

第一节　质量管理措施

第二节　技术保证措施

第三节　安全及保密措施等

第九章　预期成果

（主要内容：技术报告、数据库、成果图件、图册表册等。）

此外，设计书应提交的附（插）图包括研究程度图、地质灾害发育分布草图、工作部署图等。

五、野外调查

野外调查阶段是采用不同的调查手段和方法，如遥感调查、地面调查、地球物理探测、钻探等，对常规地区地质环境条件、特殊地区地质环境条件、地质灾害及隐患点、承灾体进行调查。高寒地区、原始森林覆盖区等无常驻人口地区及平原、高原等地质灾害不易发地区，可采用遥感调查代替部分地面工作量。各地区可根据实际情况部署相应的工作量，完成地质灾害风险普查的目标任务，并为风险评价提供基础数据支撑。

六、风险评价及成果编制

在风险普查所获数据的基础之上，遵循一定原则，可综合利用信息量模型、逻辑回归模型、证据权模型等方法，开展以县域为单元的1∶50000地质灾害风险评价。对受地质灾害威胁严重的集镇等人口聚居区，可视情况开展1∶10000地质灾害风险评价；对重大的、典型的单体地质灾害隐患点，可视情况开展1∶2000以高精度的风险评价工作。

风险普查评价图件的编制按照《地质灾害风险调查评价技术要求（1∶50000）》（试行）、《地质灾害风险调查评价编图技术要求（1∶50000）》（试行）以及自然资源部、中国地质调查局发布实施的相关标准规范和技术要求等，形成统一的、规范的地质灾害数据库，编制图件和成果报告等。

第三章 地质灾害风险普查

第一节 风险普查内容

一、参照标准

地质灾害风险普查可参照的标准规范和技术要求主要包括：

（1）《工程地质调查技术要求（1∶50000）》（DD 2019—06）。

（2）《滑坡崩塌泥石流灾害调查规范（1∶50000）》（DZ/T 0261—2014）。

（3）《土工试验方法标准》（GB/T 50123—2019）。

（4）《工程岩体试验方法标准》（GB/T 50266—2013）。

（5）《地面沉降调查与监测规范》（DZ/T 0283—2015）。

（6）《地质灾害遥感调查技术规定》（DD 2015—01）。

（7）《岩土工程勘察规范》（2009 年版）（GB 50021—2001）。

（8）《膨胀土地区建筑技术规范》（GB 50112—2013）。

（9）《滑坡防治工程勘查规范》（GB/T 32864—2016）。

（10）《中国地震动参数区划图》（GB 18306—2015）。

（11）《地质资料汇交规范》（DZ/T 0273—2015）。

（12）《岩溶地区工程地质调查规程（1∶10 万～1∶20 万）》（DZ/T 0060—1993）。

（13）《冻土地区工程地质调查规程（1∶10 万～1∶20 万）》（DZ/T 0061—1993）。

（14）《红层地区工程地质调查规程（1∶10 万～1∶20 万）》（DZ/

T 0062—1993）。

（15）《黄土地区工程地质调查规程（1∶10 万~1∶20 万）》（DZ/T 0063—1993）。

（16）《岩土体工程地质分类标准》（DZ 0219—2002）。

二、地质环境条件调查

通常情况下，针对地质环境条件调查，在时间、经费和技术条件得到保障的前提下，基于工作区以往区域地质调查等成果，可视区域地质灾害发育分布特征、地质灾害防治工作需求等情况，围绕区域地形地貌、地质构造、工程地质岩组、水文地质条件、气象、地表植被与土地利用状况、人类工程活动、易崩易滑地层、软弱层、岩体结构、斜坡结构类型、岩体风化程度、沟谷特征、冰碛物、冰湖等，择要开展调查工作。

（一）地形地貌

针对地形地貌的调查对象（包括区域地貌单元的形态、成因、规模、类型），按照构造侵蚀、山麓斜坡堆积、河流侵蚀堆积、岩溶作用、冰川作用等不同类型成因，掌握对区域地形地貌形成起主要控制作用的地质因素；重点调查易形成地质灾害的断层崖、背斜山（谷）、向斜山（谷）、风蚀和岩溶洼地、阶地、崩积堆、残峰、侵蚀平台、冰川槽谷、土丘、鼓丘、方山等地貌特征；充分利用调查区 1∶50000 或更大比例尺精度的数字高程模型（DEM），分析区域地形地貌的特征参数，获取坡度、地形起伏度、地形切割深度等参数，通过统计分析掌握区域地形地貌空间分布基本特征。

测量地质灾害及隐患所在斜坡单元的高度、坡度、坡向等斜坡形态特征，分析其组合特征、过渡关系及其形成时代，为进一步分析区域地形地貌特征与地质灾害的关系提供数据支撑，评估区域内容易形成地质灾害的地形地貌单元。在进行地形地貌调查前，应先结合调查区的地形图、航空照片、卫星照片等资料综合研究，以对全区地形地貌有总体概念，为确定考察计划和路线提供依据。

（二）地质构造

地质构造调查主要包括对褶皱、断裂和裂隙的调查。针对褶皱的主要调查内容包括轴面产状、规模、变形岩层、变形形态及程度。针对断裂的调查内容主要包括断裂主断面的产状、性质、断距（垂直、视垂直），断层两侧岩层时代与产状，岩石变形情况，断层带构造岩破碎程度、结构特征、宽度，擦痕性质、活动强度和特征及其地貌地质证据等；构造节理裂隙产状、宽度、延伸、密度及充填情况等；软弱结构面对灾害的控制作用。针对裂隙的调查内容主要包括节理裂隙的成因类型、形态特征、产状、规模、密度和充填情况等。调查时既要注意密度较大的节理裂隙优势面，也要注意规模较大的地质优势面的产状及发育情况。

通过上述调查，确定区内主要地质构造空间分布及活动性，分析区域地质构造格架及构造应力应变场背景特征，为进一步分析区内地质构造活动对地质灾害的控制性作用提供支撑；选择断裂破碎带、断裂交汇带、褶皱转折端等对地质灾害控制性较强的构造部位开展成灾模式研究；加强地质构造、地震活动、地球物理等资料分析，调查评价区域性活动断裂的位置、规模、活动性、活动方式、强度等特征及其与地质灾害的关系，评估活动断裂引发地震滑坡的作用。

（三）工程地质岩组

针对工程地质岩组的调查，重点内容是查明地层产状、层序、地质时代、成因类型、岩性岩相特征及其接触关系，风化程度、强度及节理裂隙发育等工程地质特征，土体分布、成因类型、厚度及结构特征等，易崩易滑地层控灾作用；掌握区内对地质灾害发育形成起控制性作用的工程地质岩组。按照不同的工程地质岩组类型，其调查内容和重点也有区别。

（1）沉积岩。岩性岩相变化特征，层理和层面构造特征，结核、化石及沉积韵律，岩层接触关系；碎屑岩成分、结构、胶结类型、胶结程度和胶结物成分；化学岩和生物化学岩成分，结晶特点、溶蚀现象及特殊构造；软弱岩层和泥化夹层的岩性、层位、厚度及空间分布等。

（2）岩浆岩。矿物成分及其共生组合关系，岩石结构、构造、原生节理特征，岩石风化的程度；侵入体的形态、规模、产状和流面、流线构造特征，侵入体与围岩的接触关系，析离体、捕虏体及蚀变带的特征；喷出岩的气孔状、流纹状和枕状构造特点，蚀变带、风化夹层、沉积岩夹层等发育特征，凝灰岩分布及泥化、风化特征等。

（3）变质岩。成因类型、变质程度、原岩的残留构造和变余结构特点，板理、片理、片麻理的发育特点及其与层理的关系，软弱层和岩脉的分布特点，岩石的风化程度等。

（四）水文地质条件

在区域 1∶200000 水文地质普查或 1∶50000 水文地质调查基础上，开展和地质灾害形成、发育、成灾密切相关的水文地质条件的调查，重点掌握区内地质灾害受水文地质条件的影响。查清地表水、地下水对地质灾害的影响；核查地表水流量、历史最高洪水位、水位波动幅度、入渗条件、冲刷强度及流通情况；分析水流作用对形成地质灾害的效应；核查调查区地下水基本特征和水文地质结构，包括地下水类型、水位、流量、泉点、地下水溢出带、斜坡潮湿带、含水层、隔水层等，为分析地下水与斜坡稳定性的关系提供数据支撑。

（五）气象、地表植被与土地利用状况

暴雨、台风等往往是诱发地质灾害的重要因素；根据以往调查发现的不同地区植被与地质灾害的发育分布特征，植被对地质灾害有一定的抑制作用；开展土地利用状况调查，能够更好掌握区域人类活动对地质灾害影响作用。因此，开展对气象、地表植被与土地利用状况的调查，将更好支撑开展地质灾害精细化预警预报与综合防灾减灾的工作。

（1）开展气象条件调查。广泛收集调查区历史降雨记录、多年平均降雨量、历史最大降雨量等气象资料，梳理区域地质灾害发生与气象条件的关系，核查已发生地质灾害的降雨强度、前期降雨量值和临界降雨量值，统计分析获取地质灾害发生与雨强、雨量的耦合关系，为开展在不同降雨等气象条件下的地质灾害评价分析提供支撑。

（2）地表植被覆盖对地质灾害的发育形成具有一定控制作用。全面掌握区内植被类型和植被覆盖率，调查研究区域植被对灾害发生的抑制作用是植被调查的重要目的。植被调查采用空–地一体化的调查方法，结合遥感解译，确定植被类型、覆盖率、空间分布情况，确定地质灾害及隐患密集且植被覆盖区域的空间分布，为地面调查圈定靶区；地面重点调查“马刀树”和“醉汉林”等现象，为分析判断斜坡体稳定性和发育发生阶段提供依据。

（3）土地利用状况以收集基础地理信息数据资料和遥感解译并结合地面核查工作为主，划分区域主要的土地利用类型及空间分布，重点解译在短时间内土地利用类型和程度变化较大区域的空间分布及形成原因，为分析土地利用类型与地质灾害及隐患的发育分布关系以及土地利用类型与地质灾害的互馈作用提供数据支撑，为更好结合区域地质灾害孕灾背景条件开展土地利用规划提供依据。

（六）人类工程活动

针对与地质灾害相关的人类工程活动，重点调查城镇与农村建设、道路工程建设、水利工程建设和矿产资源开发。针对区内切坡、加载、开挖、振动、灌溉、排污、抽排地下水等人类工程活动，采用遥感解译与地面核查相结合的方法，调查人类工程活动对地质环境的影响程度，评估不同类型人类工程活动对斜坡的扰动情况。调查矿山开采、水利水电工程建设、交通基础设施建设等对形成地质灾害的影响。调查已有地质灾害治理工程的类型、数量、修建年份、主要作用、运维情况及防治效果等。获取上述调查成果为分析人类工程活动类型和强度与地质灾害及隐患的发育分布关系以及工程活动及其与地质灾害的互馈作用提供数据支撑。

（七）易崩易滑地层

开展易崩易滑地层调查，查明区域上对形成崩塌、滑坡、泥石流地质灾害控制性较强的岩层、土层或岩土体组合，是本轮地质灾害调查工作的重点之一。结合区内已有调查基础和工作成果，调查易崩易滑地层的分布区域、范围、规模及发育规律，获取物理力学参数，调查分析易崩易滑地层可能形成地质灾害的类型、规模、稳定性、影响范围等。

（八）软弱层

调查区内具有易软化、易压缩、易流变、易碎裂、易崩解等特性的并对地质灾害形成具有控制性作用的特殊岩土体。针对以黄土滑坡、黏性土滑坡、堆积层滑坡等土质类型滑坡为主要滑坡灾害的调查区，通过钻探、槽探等获取软弱层样品，土样主要测试黏聚力、内摩擦角、压缩系数、含水量、液限、塑限等。

对于受沿岩层层面、断裂破碎带、节理裂隙密集带以及强度较低、塑性变形较强的岩体软弱层控制的岩质滑坡灾害，开展针对岩体软弱层的调查，主要包括测试抗剪强度、抗拉强度、抗压强度、膨胀率、耐崩解性指数、块体密度、吸水率等。调查成果为开展研究受岩体软弱层控制的斜坡稳定性现状及发展趋势，分析易发生的地质灾害类型、规模及影响范围等工作提供数据支撑。

（九）岩体结构

调查内容包括区内典型岩体结构面类型、产状、密度、延展性、张开度、粗糙度、充填物、交切关系、软弱夹层等特征。将岩体结构类型划分为整体块状结构、层状结构、碎裂结构或散体结构。根据不同岩体结构类型确定优势结构面，分析岩体稳定性及发展趋势，评价发生崩塌、滑坡等地质灾害的可能性。

通过岩体结构观测实验，在现场观测各种构造结构面的特征、产状、延伸规模、间距和密集程度，并按其规模划分结构面的级别；判断结构面的胶结或充填物质；研究结构面的产状组合关系及其力学性质；测定结构体的形状、大小；分析岩体的岩石种类、矿物成分和组构特征；测定岩体的力学特征，并在现场实验室测定岩石的机械强度；进行岩体结构分类，判定岩体稳定性等。

（十）斜坡结构类型

调查以实地测量为主，划分斜坡单元，调查斜坡结构面规模、结构面形态、结构面延展性、结构面密集程度、结构面的张开度和填充情况。按照岩土体类型将斜坡结构划分为土质斜坡、岩质斜坡、崩滑堆积体斜坡和岩土复合斜坡，并在此基础上根据土体性质、地层岩性、产状、坡向、节理裂隙等要素进一步细化斜坡结构分类，重点掌握调查区容易形成地质灾害的典型斜坡结构类型。同时，应重点调查可能形成崩塌、滑坡的源区和影响区域，初步划分易产生地质灾害的斜坡区段。选择具有代表性的地质灾害隐患区段按照 1：2000 比例尺开展工程地质测绘，适当配合钻探、槽探、物探等手段，编制斜坡工程地质剖面图，掌握区内典型斜坡结构的类型及成因。

（十一）岩体风化程度

选择典型剖面划分调查区岩体风化程度，重点调查内容包括岩矿颜色、岩石组织结构的变化及破碎情况、矿物成分以及锤击声和物理特性，以统一的判识依据开展岩体风化程度调查（全风化、强风化、弱风化、微风化），调查风化层的分布、风化带厚度、差异风化特征及风化裂隙的长度、宽度、填充、密度、交切关系等，分析岩体风化程度与地质灾害的关系。

（十二）沟谷特征

调查沟谷形态（纵横断面特征）、规模、松散堆积物、沟谷内地层岩性、地质构造、岩石风化、水文现象、发育阶段等，分析形成泥石流物源及水动力特征。调查沟底及沟口中堆积物的岩性、厚度、分布范围、形态特征及不同时期堆积物的组合关系，判断泥石流等地质灾害的活动性。

（十三）冰碛物、冰湖

调查冰碛物的来源、物质组成、分布特征、成因类型等。调查冰碛物形成的斜坡类型、规模及变形特征等，重点调查冰川堆积物的物质组成（特别是胶结物和骨架成分）、形成时期及作为冰川堆积物骨架砾石（粒径 $D>2$ cm）的百分比等参数，并在此基础上判断冰碛物的工程特性。调查形成冰湖的冰斗或槽谷特征、分布、规模等，分析冰湖退缩、扩张、溃决等变形特征。

三、特殊地区地质环境条件调查

对于红层、黄土、岩溶、红黏土、膨胀土、软土、冻土、冰川等分布的特殊地区，可视情况和工作需求，开展相关调查工作。

（一）红层地区

调查内容主要包括红层的岩性、风化程度、软弱层、结构面、成岩程度、溶蚀等特征，进行岩体分类、风化带划分，确定调查区易崩易滑地层，分析孕育地质灾害的基本规律。调查红层区斜坡结构，划分土岩界面，分析判定滑面（带）的位置、形状等特征；重点对受软弱层控制的顺向基岩斜坡稳定性进行综合判断。

（二）黄土地区

调查黄土时代、厚度、节理裂隙、落水洞等特征，评价黄土湿陷性等，分析斜坡变形方式、扩展形式及成灾规律。调查黄土地层的地层岩性特征、形成环境、厚度、成因、与其他地层的接触关系、年代及分布。调查黄土地形地貌特征，查明不同类型黄土地貌单元空间分布、界线及相互关系。调查斜坡结构类型、下伏地层的工程地质特征、地下水、人类工程活动等，总结地质灾害成灾模式。

（三）岩溶地区

岩溶地区地质环境条件调查应重点调查溶隙、岩溶堆积体、溶洞、岩溶塌陷坑、土洞、溶蚀凹槽、地下水、泉、溢出带、斜坡潮湿带等分布发育特征，分析产生地质灾害的类型、规模、变形方式、稳定性和影响范围等。应调查斜坡结构类型，重点调查由上部为碳酸盐岩和下部为煤系地层、泥页岩、石膏、泥灰岩等软弱地层构成的斜坡，分析采矿、切坡、蓄水等工程活动的致灾作用。

（四）红黏土地区

红黏土地区地质环境背景条件调查应调查红黏土的厚度变化、胶结程度、成层特性、孔隙及裂隙、差异风化程度等特征，分析胀缩性、崩解性和软化性等；调查斜坡中软化层的埋藏和分布情况，分析斜坡稳定性；调查地下水分布、水位变化和地表水渗漏情况，土洞、塌陷、基岩面起伏状况，地表或建筑物开裂变形等特征。分析红黏土地区形成滑坡、崩塌、地面塌陷、地面沉降等地质灾害的条件和规律，评价地质灾害的发育程度和发展趋势。

（五）膨胀土地区

膨胀土地区地质环境条件调查应调查膨胀土的厚度、裂隙发育状况及分布规律等，测试矿物成分、膨胀土膨胀、收缩等性质，判定膨胀潜势，按强、中、弱 3 个等级对膨胀土进行分类分区，分析膨胀土胀缩作用对形成地质灾害的影响，膨胀潜势分类可按《膨胀土地区建筑技术规范》（GB 50112—2013）中 4. 3. 4 执行；应调查分析地表水和地下水对膨胀土的软化作用，重点评价斜坡中发育膨胀土软弱层的致灾效应。

（六）软土地区

软土地区地质环境背景条件调查应调查软土的物质组成、厚度、结构特征和分布规律等，测试压缩性、渗透性与流变性等特征，分析软土的压缩变形、侧向扩展变形等对形成地面沉降、地裂缝等地质灾害的作用；应调查软土地区水文地质条件和淤泥、泥炭、硬壳等特殊土层的分布发育规律，分析地下水特征及排水条件，总结地质灾害形成机理。

（七）冻土地区

冻土地区地质环境背景调查应调查冻土的类型、厚度、垂向及水平方向的分布规律等，分析季节融化层和季节冻结层的厚度；调查由冻融产生的鼓胀、下沉、陷落、开裂、滑移等现象；调查冻土区地下水埋藏条件、地下水类型和动态变化等，分析冻融作用产生地质灾害的类型、规模和对工程基础设施的影响。

（八）冰川地区

冰川地区地质环境背景条件调查应调查分析冰川的类型、形态、规模、运动方式、历史变形过程及冰碛物的分布特征等，评价可能产生冰崩的位置、规模、运动方式、形成条件和致灾作用等。应调查冰湖的分布、规模、形态特征、动态变化规律等，调查冰碛物、冰川槽谷、沟道等特征，分析形成冰湖溃决型泥石流和链式地质灾害的可能性。

四、地质灾害调查

风险普查主要涉及 3 类地质灾害，分别为滑坡、崩塌和泥石流。

（一）滑坡调查

采用空天地等多种技术手段相结合的方法，开展野外实地调查。重点调查内容为滑坡类型、规模、形态、活动状态、运动形式、边界条件、活动历史等基本特征；调查滑坡所在斜坡的地层岩性、地质构造、斜坡结构类型、水文地质条件等；调查分析滑坡的诱发因素、分布规律、形成机理、成灾模式和影响范围等，评价滑坡的稳定性、危险性和危害性。

（二）崩塌调查

应调查崩塌的类型、分布高程、规模、活动状态、变形历史、堆积体等；调查崩塌发生斜坡的地层岩性、岩体结构、软弱层、节理裂隙、风化程度、地下水基本特征等；调查崩塌诱发因素、形成机理、成灾模式、影响范围等，圈定崩塌源和崩塌堆积区，分析崩落路径，评价崩塌的稳定性、危险性和危害性。

（三）泥石流

调查泥石流的类型、地形地貌特征、松散物储量、沟口扇形地特征、水动力条件、活动状态、活动历史、堵塞程度等；调查分析泥石流物源区、流通区和堆积区的基本特征；调查泥石流的物源补给途径、一次冲出方量、防治情况、影响范围等，评价泥石流的易发性、危险性和危害性。

五、地质灾害隐患调查

在调查分析地质环境条件的基础上，确定形成地质灾害的主控因素，应用遥感、工程地质类比、测绘、勘查和测试等手段，综合分析圈定地质灾害隐患位置或范围。

对于崩塌滑坡隐患，应调查地质灾害隐患所处区域微地貌、易崩易滑地层、软弱层、风化程度、岩体结构、节理裂隙、地下水、变形特征、形成因素、影响范围等，分析地质灾害隐患的稳定性。

对于泥石流隐患，应调查区域松散堆积物储量、沟道特征、水动力条件、堵塞程度、堆积扇特征、一次冲出方量和影响范围等，分析泥石流隐患的活动性。

加强高位远程地质灾害隐患和灾害链调查，重点调查微地貌特征、历史变形破坏迹象、控制性边界条件、威胁对象等，分析灾害体变形特征及链生效应、可能的运动路径、潜在影响范围及危害程度等。

六、承灾体调查

承灾体包括经济类型承灾体和人。承灾体数据可采用地理国情普查数据、土地三调数据、地形图标注地物、遥感调查等途径获取，也可从住建、民政、统计等部门收集、协商共享等渠道获取。

经济类型承灾体数据包括：建筑物空间分布、结构类型、建筑类型、楼层数、变形情况等；土地利用类型、空间分布、受威胁面积等；工程类型、空间分布、受威胁范围或长度、变形情况等；矿种类型、采矿方式、生产现状、生产能力、剩余服务年限、受威胁面积、变形情况等。

人承灾体数据包括受地质灾害威胁人员数量、人口年龄、人口密度等。

第二节 风险普查方法

地质灾害风险普查可综合采用相关调查手段和技术方法。各地应根据实际情况，合理部署工作量，完成地质灾害风险普查的目标任务，并为风险评价提供基础数据支撑。

不同风险普查方法目的与任务见表 3-1。

表 3-1　不同风险普查方法目的与任务

调查工作布置	目　的	任　务
遥感调查	充分利用遥感数据资料，开展 1：50000、1：10000 遥感解译，主要解译地质环境条件、地质灾害及人类工程活动等	充分发挥遥感技术优势，结合地理信息系统（GIS）等方法，通过资料收集与分析、遥感信息源的选用、遥感数字图像处理及制作、遥感解译、野外调查和验证、遥感解译成果图件的编制等开展遥感解译工作
地质环境条件现场调查	围绕崩塌、滑坡、泥石流等地质灾害的形成条件，开展孕灾地质条件调查，主要包括地形地貌、地层岩性、水文地质、斜坡结构类型、地质构造、人类工程活动等，重点查明岩土体工程地质特征、斜坡结构类型、区域活动构造等影响和控制地质灾害分布的地质环境条件	通过分级调查，遵循“点、线、面结合”的原则，根据工程地质条件复杂程度，开展 1：50000 地质灾害隐患调查，对受地质灾害威胁严重的集镇等人口聚居区可视情况开展 1：10000 地质灾害隐患调查
地质灾害现场调查	采用遥感调查、地面调查、测绘和勘查相结合的方式综合开展地质灾害及隐患调查，查明孕灾地质条件和成因机制，地质灾害调查点开展定性风险评价	主要运用遥感和不同比例尺控制调查方式掌握滑坡、崩塌、泥石流发生发育及其孕灾地质条件，现场圈定其边界，分析斜坡地貌演化过程及可能的变形破坏模式，分区评价其稳定性
工程地质钻探	工程地质钻探以揭露斜坡地质结构为目的，重点揭露控制性结构面、软弱层、潜在滑面（带）、覆盖层、风化带、地下水等特征	钻探工作主要针对典型地质灾害隐患点和典型斜坡勘查，查明滑坡体地质结构，分析滑坡的稳定程度及深部滑动情况，为评价滑坡的稳定性提供相关参数
山地工程	以探槽和浅井为主，主要用以调查探测对象的规模、边界、物质组成、形成条件、获取现场试验参数等	主要针对重要的地质灾害点、勘查点及重点测绘区，布置适量山地工程

表 3-1（续）

调查工作布置	目　　的	任　　务
地球物理探测	地球物理探测以揭露斜坡地质结构为目的，重点探测工程地质岩组界线、斜坡结构类型、基覆界面、软弱层、风化程度、塌陷坑、地下空洞、地下水位、节理裂隙、滑面（带）等	主要针对典型斜坡区段、地质灾害隐患点、崩塌（危岩体）源区、地面塌陷区、泥石流堆积扇、采空区等位置，按需布置适量物探工作
岩土试验	测试与试验主要包括岩土体性能现场原位测试与室内试验，主要测试岩（土）的物理力学性质及水化学成分	岩（土）体物理力学参数原位测试主要用于区域易滑地层岩组工程地质特征、重点滑坡稳定性分析等

一、遥感调查

遥感调查为地质灾害风险普查重要的技术手段之一，在设计书编制时需提供遥感解译初步成果。遥感技术方法应根据调查区实际情况进行选择，选择与调查区地形地貌、地质条件等最为适宜的方法，分析地质灾害类型、边界条件、变形特征、发育分布规律等，初步圈定地表变形区和地质灾害隐患。同时，在前期野外踏勘和后期调查过程中，需对识别出的地质灾害隐患进行野外核查，确认后统一纳入地质灾害风险普查数据库。各县（市、区）可视情况选择开展遥感调查工作。

（一）遥感调查基本要求

（1）在一般调查区开展地质灾害调查时应选用空间分辨率优于 2 m 的多光谱遥感数据。在重点调查区应选用空间分辨率优于 1 m 的多光谱或无人机遥感数据。

（2）最新影像数据时效性不宜超过 2 年，云、雪等覆盖率不宜大于 5%，应选择地震、强降雨等对地质环境有较大影响事件之后的影像数据。

（3）应解译出影像图中图斑面积大于 4 mm^2 的地质灾害和长度大于 2 mm 的线状地物，小于解译精度的应用规定符号表示。解译的界线与影像误差不应大于 2 mm。

（二）主要数据来源

1. 雷达卫星数据

区域性地质灾害隐患识别目前主要应用免费开放的欧空局哨兵-1 号（Sentinel-1，C 波段）卫星数据。植被覆盖密度高的地区综合应用哨兵-1 号与 ALOS-2（L 波段）卫星数据。重大滑坡灾害隐患长期监测时，可根据实际情况采用 RADARSAT-2、TerraSAR-X、COSMO-SkyMed 等卫星数据，以满足高分辨率和高时间重访能力。

2. 光学卫星数据

采用空间分辨率优于 2 m 的国产卫星遥感影像及相关专题产品数据，满足要求的卫星有高分一号、高分二号、资源一号 02C、2 m/8 m 卫星星座、资源三号星座等。拟采用的相关专题产品数据，包括正射影像、土地覆盖变化、植被指数等数据。

3. 地形地理数据

以 10 m 或 30 m 等分辨率的数字高程模型（DEM）生成坡度、坡向、起伏度等要素。基础地理信息数据应包含行政区划、地名、城镇、道路、河流水系、工程设施、人口等内容。

4. 已有地质灾害及其孕灾背景数据

充分利用 1∶50000 地质灾害详细调查、山地丘陵县（市、区）地质灾害调查与区划、逐年地质灾害排查报告等数据成果，综合分析地层岩性、地质构造、地形地貌、气象水文等内容，开展地质灾害隐患识别分析、建设隐患识别样本库等。

（三）遥感解译内容

遥感调查的内容主要包括地质环境背景条件调查和地质灾害调查两个方面。在地质环境背景条件方面，遥感调查主要以编译为主；在地质灾害方面，遥感调查主要以解译调查为主。

1. 地质环境背景条件

地质环境背景条件调查主要包括地貌类型、地质构造、地层岩性、土地利用、人类工程活动等遥感调查内容。

1）地貌类型

划分区内不同的地貌单元，确定其地貌形态成因类型、主要地貌形态及地貌分区界线，确定微地貌的个体特征、组合特征等，重点解译与地质构造、地质灾害相关的各类地貌的特征，分析不同构造、灾害类型对地貌的影响。

2）地质构造

确定区内主要断裂构造和褶皱构造，解译断层的位置、长度、延伸方向，褶皱的类型、规模、长度及延伸方向。解译破碎带的性质、分布以及区域性节理裂隙密集带的分布位置、发育规模、展布特征。

一般断裂构造的解译标志包括：

（1）线性特征为破碎带呈直线影像。

（2）色调界线为两侧因岩性等差异而呈不同的色调。

（3）直线状河谷、水系发生直角拐弯或类型骤变，收敛点、分流点、拐点的直线状排列。

（4）陡坎、山垭口直线状展布，山脊、山谷的错断。

（5）相邻山脊上出现连续的断层三角面。

（6）山脊垭口两侧对称出现直线状沟谷。

活动性断裂除具备以上断裂构造的影像特征外，还有以下解译标志：

（1）第四系沉积层地表受活动断裂影响形成一系列陡坎，这些微地貌的变化在影像上形成清晰的线性影像，且在宏观上连续性好。

（2）第四系与基岩接触边界形成刀切形直线或折线形影像体。

（3）取直线控制河床阶地，在影像上反映为局部河床阶地呈直线形，延伸出河床和阶地断裂部分线性影像清楚。

（4）穿越河床阶地，在阶地上形成明显的线性影像体。

3）地层岩性

参照已有地质资料，确定地层、岩性类别及岩层产状，划分区内岩（土）体的工程地质岩组类型，为评价岩（土）体稳定性、工程地质特征及孕灾地质背景条件提供依据，重点开展区内第四系的补充解译工作，尤其是河流两岸及大沟沟口冲洪积层的解译，并分析岩组与地质灾害的相互关系。

4）土地利用

工作区内森林植被类型主要包括有林地、灌丛、河流、水库、水田、缓坡耕地等用地类型。

5）人类工程活动

工作区内的人类工程活动主要有城镇、聚居点、工厂、公路等基础设施以及工程切坡、露天采矿场、固体废物堆场等。

2. 地质灾害

1）解译原则

（1）以工作区内发育的地质灾害体为主要解译对象，重点关注威胁人员、基础设施和大规模工程活动的地质灾害点。

（2）地质灾害的解译内容为识别地质灾害体，确定其类型、位置、边界及规模，并在可能的情况下，分析其潜在危害。

（3）解译出影像图中图斑面积大于4 mm^2的地质灾害，用实体勾绘灾害体范围或边界，小于解译精度的应用规定符号表示。解译的界线与影像误差不能大于2 mm。

2）解译内容

（1）滑坡：解译滑坡体所处位置、地貌部位、前后缘高程、沟谷发育状况、植被发育状况，滑坡体的范围、形态、坡度、总体滑动方向，滑坡与重要建筑物的关系及影响程度等。

（2）崩塌：解译崩塌所处位置、形态、分布高程，崩塌堆积体的面积、坡度、崩塌堆积体植被类型，危岩体分布位置、面积、坡度、高度、崩塌方向等。

（3）泥石流：解译泥石流流域的边界、面积、形态、主沟长度、主沟纵降比、坡度，物源区的水体分布、集水面积、地形坡度、岩层性质，区内植被覆盖程度、植物类别及分布状况，断裂、滑坡、崩塌、松散堆积物等不良地质现象，可能形成泥石流固体物质的分布范围，流通区沟床的纵横坡度和冲淤变化以及泥石流痕迹，阻塞地段堆积类型，堆积区堆积物的分布范围、性质、堆积面积、堆积扇坡降、土地覆盖等。

（4）潜在威胁对象：对以上所有地质灾害点均应解译受威胁的居民点、城镇、水电站、公路、河流等基础设施；受威胁的自然资源状况，包括耕地、园地、林地等。

（四）技术路线

通过处理高分辨率光学卫星、雷达卫星等数据，提取区域地表形变和地表覆盖变化信息，结合地质灾害孕灾背景和形成条件开展地质灾害隐患综合判识。

1. 基础数据获取与处理

根据现有基础资料和调查成果，广泛收集地质灾害隐患识别分析相关的区域地质、地形地貌、灾害地质、基础地理、土地利用、气候气象等专题数据，进行统一编辑和处理，建设地质灾害隐患识别本底数据库。实时接收和处理雷达卫星、国产高分辨率光学卫星等数据，为地表形变及覆盖变化动态监测提供遥感数据源。

2. 地表形变信息提取

利用开源或国产雷达卫星 SAR 数据，通过差分干涉测量（D-InSAR）、永久散射体干涉测量（PSInSAR）等技术提取地表形变速率或形变量，参考雷达卫星成像参数、多时相光学遥感数据和地形数据等，剔除阴影、叠掩、水体、平坦地区和人类工程活动等与地质灾害形变无关的信息，形成地表形变信息产品，分类确定重大地表变形区。

3. 地表覆盖变化信息提取

利用多时相高分辨率光学卫星数据，以影像光谱、纹理、形态以及植被指数、土壤湿度等为主要参数，参考已有地质灾害样本和地形数据，采用面向对象分类的变化检测方法，提取与滑坡等地质灾害相关的斜坡地表覆盖变化信息。

4. 地质灾害隐患综合判识

集成地表形变、地表覆盖变化信息和区域地质、地形地貌等孕灾背景数据，以已有地质灾害为样本，根据不同地质灾害孕灾背景和形成条件，建立地质灾害隐患分类分级的综合判识模型，确定地质灾害隐患的位置、类型、活动性等，编制地质灾害隐患分布图。

5. 野外核查

核查工作要重点对地质环境背景条件、变形迹象和威胁对象情况进行核查。其中，地质环境背景核查内容包括斜坡外形特征、坡面形态、植被覆盖、地层时代与岩性、构造部位、地震烈度、地下水类型及影响、周边人类工程活动、斜坡变形迹象、崩滑特征等。对重点变形区和地质灾害隐患的类型、规模、范围边界、活动部位、稳定性现状及其潜在影响范围等灾害特征进行识别和核查。

6. 隐患数据更新

对经过实地核查确认的隐患，纳入地质灾害隐患数据库。随着卫星数据不断获取与积累，持续性地开展地质灾害隐患识别分析，实现隐患数据的动态更新。

二、地面调查

（一）基本要求

地面调查一般遵循以下要求：

（1）地面调查工作手图在一般调查区应采用比例尺 1∶50000 或更大比例尺地形地质图，在重点调查区应采用 1∶10000 或更大比例尺地形地质图，可采用叠加地形阴影效果的地形图或高精度遥感（解译）图。

（2）调查路线与观测点的密度需根据地质条件的复杂程度、危害对象的重要性以及地质灾害点的密度合理布置。地质环境背景调查宜采用追索法及穿越法，应按照调查精度要求布设调查线路和控制点，查明调查区孕灾地质条件和地质灾害特征。调查路线宜垂直岩层与构造线走向以及按照地貌变化显著的方向进行穿越调查。崩塌、滑坡等致灾地质体调查宜采用全面查勘法，对危及县城、村镇、矿山、重要公共基础设施、主要居民点的地质灾害体及隐患点，当重要的地质现象被覆盖或现象不明显时，部署钻探、山地工程等以保证调查精度和查明主要地质问题。高寒地区、森林覆盖区等无常驻人口地区及平原、高原等地质灾害不易发地区，遥感调查可代替部分地面工作量。

（3）观测点布置目的要明确，密度要合理，以达到最佳地面调查效果为准。观测点一般分为地形地貌点、地质构造点、水文地质点、地质环境问题点等。对地质灾害及隐患点稀少的区段，可视具体情况增加孕灾地质条件控制点调查。对县城、集镇、矿山，无论有无地质灾害，均应布设控制性调查点；在地质条件复杂区，对于一般居民点均应布设控制性调查点。

（4）应对既有地质灾害隐患点进行复核调查，特别是坐标位置、隐患名称及隐患点类型应准确核实，并对其活动性、危害性和风险等级进行评价。基本查明新增滑坡、崩塌、泥石流发生的形成条件、岩土体结构，阐明其发育分布规律及成因机理，初步评价和预测其发展趋势。应对查明的地质灾害及隐患勾绘边界和影响范围。

（5）对危害较大或典型的地质灾害点可进行大比例尺的地面测绘。对规模不大且危害小的滑坡、崩塌和泥石流可视具体特征和分布位置进行一般调查，但须填写调查卡片，不得遗漏主要灾害要素。

（6）对于同类群发地质灾害，宜一点一表，若相邻地质灾害体规模较小且威胁同一受灾体对象，可合为一个点进行描述、记录。对于同一地点存在的不同类型地质灾害，应分别对不同类型地质灾害点进行定点、记录。

（7）地面调查采用地质灾害调查数据采集系统等数字化填图方式，采用统一的调查表格，野外地质素描和路线小结等可采用野外记录本进行记录。

具体的数字化填图方式、野外记录方法、地质现象素描、原始资料的整理按照以下原则进行：

①调查表内容应逐一填写，不得遗漏主要调查要素。调查点之间沿途所见现象应利用野外记录本详细记录，附必要的示意性平面图、剖面图或素描图以及影像资料等。

②记录本文字记录作为补充野外调查过程中的难以在野外调查表反映记录的内容。

③重要地质现象除文字描述外，还应附以素描图和照片。素描图应主题突出，对文字描述所不能表达的内容起到补充作用。素描图应有图名、图例、方位、比例尺以及简要说明等内容。典型地质现象应进行拍照。照片应有参照比例尺、编号、镜头方向及简要说明。应将相机的日期标记设置为开，以便拍照时自动记录时间。

④原始资料所反映的地质现象要真实、齐全、准确、注记规范、整洁清晰，对各种原始资料应分析判断其可靠程度，并进行自检、互检和抽检。文字记录、图件、照片和地质现象应互相对应，吻合一致。阶段性工作或某一专项工作完成后，及时对原始资料进行分析整理并编写小结，并分门别类装订成册。

（8）各类记录点定位应按照不同比例尺和精度要求采用相应的方法定位。图上定位应符合下列规定：

①野外调查定位上图精度误差应小于 2 mm，应勾绘出长度大于 2 mm 的线状地物；小于最小上图精度的用规定符号表示。野外调查应实地勾绘地质灾害及隐患边界条件和影响范围。

②所有记录点均采用 GPS 和微地貌相结合的方法定位，不得误跨沟谷。

③一般情况下，滑坡调查点定在滑坡后缘中部，泥石流调查点定在堆积扇扇顶，崩塌调查点定在崩塌（危岩体）前缘，地面塌陷调查点定在塌陷坑的周缘，地面沉降调查点定在地面沉降中心，地裂缝调查点定在裂缝位移最大区段。

（9）地面调查的其他具体技术要求及注意事项，参照《滑坡崩塌泥石流灾害调查规范（1∶50000）》（DZ/T 0261—2014）中“5.3 地面调查”的要求。

（二）重大地质灾害隐患或重点斜坡测绘与勘查

对威胁县城、集镇、旅游景区和重要公共基础设施且稳定性差或易发性高的地质灾害点进行勘查。选点主要考虑灾害点的典型性、危害程度、当地治理需求及实施治理的可行性。采用地面工程地质测绘、剖面测量为主，结合山地工程等手段进行工程地质勘查，基本查明灾害的变形破坏特征及机制，评价其稳定性（易发性）、危害及造成堵江（河）的可能性，提出初步防治工程方案建议，为区域评价、进一步勘查治理及地方政府规划提供依据。

经过地面调查，对于城镇潜在地质灾害点或重点斜坡，为了进一步查清其形态、规模、物质组成及变形破坏特征等，并为深入分析其稳定性及危害性提供有力基础资料，可进行大比例尺工程地质测绘。初步查明边界范围、环境条件、基本特征、诱发因素、稳定性，查明灾情及险情，提出监测及防治措施建议。

对危害性大且稳定性差的、具有研究价值的或建议开展工程治理的（潜在）滑坡、崩塌应开展不小于1∶2000比例尺的工程地质测绘，对泥石流应开展不小于1∶10000比例尺的工程地质测绘。调查的灾害点应填写调查表格。

（三）地面调查成果分析

1. 地质灾害发育分布规律分析

在对调查区地质灾害现场调查的基础上，确定区内地质灾害的发育位置、类型、数量、规模等基本要素，统计分析区内地质灾害空间发育分布特征，结合调查区地质环境条件，分析地质灾害空间分布规律。

2. 地质灾害成灾模式分析

根据调查区内各类地质灾害点发育的地质环境条件，分析地质灾害与地形地貌、地层岩性、地质构造、斜坡坡体结构、人类工程活动、降雨等各因素之间的相互关系，研究不同灾害形成的主控因素，分析地质灾害的成因机制，总结调查区内不同地质灾害的成灾模式。

三、地球物理探测

地球物理探测一般应遵循以下要求：

（1）根据地质灾害类型、地质条件和调查需要，因地制宜地选择地球物理探测方法。地质灾害调查常用物探方法见表 3-2。物探应重点布设在典型斜坡区段、地质灾害隐患点、崩塌（危岩体）源区、地面塌陷区、泥石流堆积扇、采空区等位置，结合测区地形地物条件，合理布置物探测线，重点探测工程地质岩组界线、斜坡结构类型、基覆界面、软弱层、风化程度、塌陷坑、地下空洞、地下水位、节理裂隙、滑面（带）等。

表 3-2　地质灾害调查常用物探方法

探测目的	物探方法	应用条件
覆盖层结构和厚度	地质雷达法，地震折射法，高密度电阻率法，地震反射法	1. 定深选择 设 D = 探测深度（m），按覆盖层厚度 10 m、30 m 和 50 m 考虑不同的探测深度。 当 $D<10$ m：地质雷达法，地震折射法，瑞雷面波法；当 $10<D<30$ m：地震折射法、瑞雷面波法、视电阻率电测深法，地震反射法；当 $30<D<50$ m：视电阻率电测深法，地震反射法；当 $D>50$ m：高密度电阻率法，瞬变电磁法，音频或可控源音频大地电磁法。 2. 其他定位方法选择 视电阻率联合剖面法，充电法，自然电场法，高精度重力法，放射性物探，微动法。
基岩埋深及起伏	高密度电阻率法，瑞雷面波法，地震折射法，地震反射法，地质雷达法，瞬变电磁法，音频或可控源音频大地电磁法	
土洞、软土、塌陷	地质雷达法，地震反射法，高精度重力法，瑞雷面波法，高密度电阻率法，放射性法	
溶洞、裂隙	井中物探，高密度电阻率法	
地下暗河、岩溶水库渗漏	充电法，自然电场法，井中物探，高密度电阻率法，瞬变电磁法，音频或可控源音频大地电磁法	
地下水流速、流向	充电法，自然电场法	

表 3-2（续）

<table>
<tr><th>探测目的</th><th>物探方法</th><th>应用条件</th></tr>
<tr><td>可溶岩与非可溶岩接触面及富水性</td><td>高密度电阻率法，瞬变电磁法，音频或可控源音频大地电磁法，激电法，微动法</td><td rowspan="2">3. 定性方法选择
富水性：激电法，微动法。
4. 高精度定位
井中物探：井中雷达，跨孔电磁波法，跨孔声波法、跨孔电阻率成像等</td></tr>
<tr><td>断层、破碎带、岩溶发育带及富水性</td><td>高密度电阻率法，地震折射法，瞬变电磁法，可控源音频大地电磁法，放射性物探，微动法，激发极化法</td></tr>
</table>

（2）物探测线的布置应根据调查要求、测区地形、地物条件，因地制宜地设计。物探剖面方向应按垂直探测对象的总体走向或沿着地质灾害条件变化大的方向布设。测线长度、间距应能够控制被探测对象。物探的探测深度应大于地质灾害厚度、基覆界面深度、裂缝深度、塌陷坑深度、地下水埋深、软弱层深度及钻孔深度等。

（3）物探工作应在工程地质钻探之前进行，有条件时宜采取两种或两种以上物探方法对比检验，成果应结合钻探成果进行验证和二次解释，提高物探成果的准确性。

（4）物探成果报告应论述工作方法、地质体的地球物理特征、资料的解释推断、结论和建议，并附相应的工作布置图、平剖面图、曲线图、解释成果图等。

四、钻探

（一）基本要求

钻探工作量应重点布设在具有代表性的斜坡体、工程地质区段及地质灾害隐患点上。钻探应以揭露地质结构为目的，重点揭露控制性结构面、软弱层、潜在滑面（带）、覆盖层、风化带、地下水等特征。

（二）勘探钻孔技术要求

勘探钻孔一般遵循以下要求：

（1）一般性钻孔深度应穿过最下一层滑动面 3~5 m，控制性钻孔应深入稳定地层以下 5~8 m。

（2）钻孔孔径应根据钻孔深度、取芯要求、水文地质要求具体确定。一般钻孔口径 110 mm，为保证岩芯满足实验要求，采取原状岩土样的孔径 130 mm。

（3）在遇滑带或软层时，宜采用无水钻进，每回次钻进不超过 0.5 m，岩芯采取率应达到 70% 以上，钻孔斜度偏差应控制在 2% 之内。

（4）在下列情况下需校正孔深：钻遇主要裂缝、软夹层、滑带、溶洞、断层、涌水处、漏浆处，以及换径处、下管前和终孔时。

（5）松散地层潜水位以上孔段，应尽量采用干钻；在砂层、卵砾石层、硬脆碎地层和松散地层中以及滑带、重要层位和破碎带等应采用提高岩芯采取率的钻进及取样工艺；重点取芯地段（如破碎带、滑带、软夹层、断层等）应限制回次进尺，每次进尺不允许超过 0.3 m。

（6）岩芯采取率，滑体应大于 80%，滑床应大于 85%，滑带或软弱带应大于 90%，同时应满足钻孔设计书指定部位取样的要求。

（7）钻探施工过程中应按绿色勘探要求施工。

（三）钻孔地质编录要求

钻孔地质编录一般遵循以下要求：

（1）钻孔地质编录应由看钻地质员承担，应在现场真实、及时和按钻进回次逐次记录，不应将若干回次合并记录，更不应事后追记。

（2）编录时要注意回次进尺和残留岩芯的分配，以免人为划错层位。

（3）在完整或较完整地段，可分层计算岩芯采取率；对于断层、破碎带、裂缝、滑带和软夹层等，应单独计算。

（4）钻孔地质编录应按统一的表格记录，表格内容一般包括日期、班次、回次孔深和回次编号、起始孔深、回次进尺、岩芯长度、残留、采取率、岩芯编号、分层孔深及分层采取率、地质描述、标志面与轴心线夹角、标本取样号码位置和长度、备注等。

（5）岩芯的地质描述应客观、详细，使别人能据描述作出自己的判断；对于只有结论性意见而无具体描述的编录，视为不合格；重视岩溶、裂缝、滑带及软夹层的描述和地质编录，编录中宜多用素描及照片辅助说明；注意对滑带擦痕的观察与编录；重视水文地质观测记录和钻进异常记录和取样记录。

（6）对钻探施工现场进行拍照或录像。对钻孔岩芯进行逐箱拍照，拍照前在岩芯箱顶部放置包含“项目名称、钻孔编号、岩芯位置（深度）”等信息的标识牌，垂直岩芯箱拍摄，并对特殊部位加拍特写镜头。

（四）山地工程要求

山地工程一般遵循以下要求：

（1）山地工程以探槽和浅井为主，调查探测对象的规模、边界、物质组成、形成条件等，获取现场试验参数等。山地工程应布置在重要的地质灾害（隐患）点、勘查点及重点测绘区段等。

（2）对探槽、浅井揭露的地质现象都须及时进行详细编录，制作大比例尺（一般为1：20~1：100）展视图或剖面图。记录内容包括：岩土体名称、颜色、岩性、结构、层面特征、层厚、接触关系、层序、地质时代、成因类型、产状；岩石风化特征及风化带卸荷带划分，注意风化与裂隙裂缝的关系；放大比例尺对软弱夹层进行素描，并注意其延伸性及稳定性；断层及断层破碎带产状、规模、断距、形态与展布特征、构造岩、断层性质等；裂缝或裂隙的性质、壁面特征、成因、张开闭合情况、充填情况、连通情况、切割关系、错动变形情况、渗漏水情况等；滑带及重力变形带的厚度、岩性、物质组成、产状及展布特征、含水情况、变形特征及挤压碎裂情况；滴水点、渗水点、临时出水点的位置和水量等水文地质现象；各种试验点、取样点、拍照点的位置、作用、层位、岩性及有关情况。

（3）探槽编录应在探槽完工后尽快进行，通常对探槽的长轴一侧和底部进行描述编录，素描图方位采用探槽长轴方向，绘制一壁一底的展示图；如两壁地质现象不同，则绘制两壁图；为了便于平面图上应用，槽底长度可用水平投影，槽壁可按实际长度和坡度绘制，也可采用壁与底平行展开法。素描图应有图名、图例、方位、比例尺以及简要说明等内容。

（4）浅井、竖井的素描，其展视图至少作两壁一底，并注明壁的方位。若对四壁进行编录，第一壁首选为正北壁，其次为北西壁、北东壁和正东壁。编录基点布置在第一壁左上角，基线自基点铅垂布设，采用垂直投影方法。凡地质体或地质现象在素描图上宽（厚）度大于等于 1 mm、长度大于等于 2 mm 者，均应在图上反映，要求有图名、图例、比例尺、垂直标尺、方位和责任签等要素。

（5）槽探、井探工程提交的成果，应包括地质编录图表、施工小结、照片集等；宜提交重要地段施工记录（支护、变形情况、地下水排水措施等）、取样记录等。

（6）槽探、浅井等山地工程竣工后应及时回填，必要时进行保护与封闭。

（五）岩土试验要求

岩土试验一般遵循以下要求：

（1）岩土试验主要包括岩土体性能原位测试与室内试验，二者应互相配合，互相补充。

（2）采用岩土体性能原位测试获取岩土体物理力学参数时，宜选择现场直剪试验、大重度试验、孔内波速测试、岩石声波测试、点荷载试验、渗透试验等方法。

（3）室内试验可用于测试岩土体物质成分及物理力学性质等。

（4）勘探过程中，如遇地下水异常情况，宜做简易抽水试验，获取涌水量、渗透系数等参数，为坡体稳定性评价提供依据。

（5）岩土体性能原位测试和室内试验参照《滑坡崩塌泥石流灾害调查规范（1∶50000）》（DZ/T 0261—2014）中“5.7 测试与试验”的要求，并按《土工试验方法标准》（GB/T 50123—2019）、《工程岩体试验方法标准》(GB/T 50266—2013) 规定执行。具体测试项目及参数详见表 3-3。

表 3-3 岩土体测试项目及参数

项目分类	试验项目	主要参数及单位
土工试验	含水率试验	含水率 ω (%)
	密度试验	密度 ρ (g/cm^3)
	土粒比重试验	比重 G_s
	颗粒分析试验	不均匀系数 C_u、曲率系数 C_c、黏粒含量 M_c
	界限含水率试验	液限 ω_L、塑限 ω_P、土的缩限 ω_n (%)
	砂的相对密度试验	砂的相对密度 D_r (g/cm^3)
	击实试验	干密度 ρ_d (g/cm^3)
	承载比试验	承载比 CBR (%)
	回弹模量试验	回弹模量 E_c (kPa)
	渗透试验	渗透系数 k (cm/s)
	固结试验	孔隙比 e、压缩系数 a_v (MPa^{-1})、压缩模量 E_s (MPa)、体积压缩系数 m_v (MPa^{-1})、压缩指数 C_c 和回弹指数 C_s、固结系数 C_v (cm^2/s)、回弹模量 E_c (MPa)
	黄土湿陷试验	湿陷系数 δ_s
	三轴压缩试验	内摩擦角 ϕ_{uu} (°)、黏聚力 c_{uu} (kPa)、有效内摩擦角 ϕ' (°)、有效黏聚力 c' (kPa)、总应力内摩擦角 ϕ_{cu} (°)、总应力黏聚力 c_{cu} (kPa)
	无侧限抗压强度试验	原状样抗压强度 q_u (kPa)、重塑样 q'_u(kPa)、灵敏度 S_t
	直接剪切试验	剪应力 τ (kPa)
	三轴剪切试验	剪应力 τ (kPa)
	自由膨胀率试验	自由膨胀率 τ_{ef} (%)

表 3-3（续）

项目分类	试验项目	主要参数及单位
土工试验	膨胀率试验	膨胀率 δ_{ep}（%）
	收缩试验	收缩率 δ_{si}（%）
	冻土密度试验	冻土密度 ρ_f（g/cm^3）
	冻结温度试验	冻结温度 T（℃）
	未冻含水率试验	未冻含水率 ω_n（%）
	冻土导热系数试验	冻土导热系数 λ［W/(m·K)］
	冻胀量试验	冻胀率 η（%）
	冻土融化压缩试验	融沉系数 α_0、融化压缩系数 α_{tc}（MPa^{-1}）
岩石试验	含水率试验	含水率 ω（%）
	颗粒密度试验	颗粒密度 ρ_s（g/cm^3）
	块体密度试验	块体密度 ρ_d（g/cm^3）
	吸水率试验	吸水率 ω_a（%）
	膨胀率试验	岩石轴向自由膨胀率 V_H、岩石径向自由膨胀率 V_D、岩石侧向约束膨胀率 V_{HP}（%）
	耐崩解性试验	岩石二次循环耐崩解性指数 I_{d2}（%）
	单轴抗压强度试验	单轴抗压强度 R（MPa）
	冻融试验	岩石冻融质量损失率 M（%）
	单轴压缩变形试验	岩石平均弹性模量 E_{av}（MPa）、平均泊松比 μ_{av}、割线弹性模量 E_{50}（MPa）、泊松比 μ_{50}
	三轴压缩强度试验	黏聚力 c（MPa）、摩擦系数 f
	抗拉强度试验	抗拉强度 σ_τ（MPa）
	直剪试验	法向应力 σ、剪应力 τ（MPa）
	点荷载强度试验	点荷载强度 I_s（MPa）
	承压板法试验	弹性模量 E（MPa）
	钻孔径向加压法试验	弹性模量 E（MPa）
	岩体载荷试验	岩体变形参数

第四章　地质灾害风险评价

第一节　总　体　要　求

地质灾害风险评价遵循以下要求：

（1）以县域为单元开展 1：50000 地质灾害风险评价。

（2）对受地质灾害威胁严重的集镇等人口聚居区可视情况开展 1：10000 地质灾害风险评价。

（3）对重要的、典型的单体地质灾害隐患点，视情况开展 1：2000 以高精度风险评价。

（4）视工作需求和适用性选取不同的风险评价方法。可以按照易发性、危险性、易损性、风险逐步递进的方式进行评价与区划；也可以通过对多个评价指标的综合叠加分析，直接开展风险评价与区划。

（5）地质灾害风险划分为极高、高、中、低 4 个等级风险区。

（6）分类型（滑坡、崩塌、泥石流）评价地质灾害风险，叠加后按照“就高不就低”的原则或加权累加的方法确定风险等级，据此开展风险区划。

（7）地质灾害风险区划结果应实地核查，对区划边界、风险等级、异常区等进行复核，必要时补充相应调查工作量，并对区划结果的有效性和局限性进行评述。

（8）加强相邻县域边界风险等级的协调统一，保障省级风险评价成果的一致性。

第二节　1∶50000 地质灾害风险评价

一、易发性评价方法

易发性评价重点是评价地质灾害已经发生的程度，并预测未来将要发生地质灾害的倾向性，强调静态地质灾害易发条件和灾害发生的空间概率统计分析评价，是进行危险性和风险评价的基础。核心内容包括地质灾害特征、空间密度、易发条件和潜在易发区预测评价。

地质灾害易发性采用统计模型方法（信息量、逻辑回归、证据权等）进行评价，以孕灾地质条件为基础选取适用的评价指标，阈值的选取应与野外调查确定的地质灾害发育程度相匹配。

1. 信息量模型

地质灾害的形成受多种因素影响，信息量模型反映了一定地质环境下最易致灾因素及其细分区间的组合，具体是通过特定评价单元内某种因素作用下地质灾害发生频率与区域地质灾害发生频率相比较实现的。对应某种因素特定状态下的地质灾害信息量公式可表示为

$$I_{A_j\to B}=\ln\frac{N_j/N}{S_j/S}\qquad(j=1,\ 2,\ 3,\ \cdots,\ n)\tag{4-1}$$

式中　$I_{A_j\to B}$——对应因素 A、j 状态（或区间）下 B（此处代表地质灾害）发生的信息量；

N_j——对应因素 A、j 状态（或区间）下 B 分布的单元数；

N——调查区已知有 B 分布的单元总数；

S_j——对应因素 A、j 状态（或区间）下 B 分布的面积；

S——调查区总面积。

当 $I_{A_j\to B}>0$ 时，反映了对应因素 A、j 状态（或区间）下地质灾害发生倾向的信息量较大，地质灾害发生的可能性较大，或者说利于地质灾害发生；当 $I_{A_j\to B}<0$ 时，表明因素 A、j 状态（或区间）条件下，不利于地质灾害发生；当 $I_{A_j\to B}=0$ 时，表明因素 A、j 状态（或区

间）不提供有关地质灾害发生与否的任何信息，即因素 A、j 状态（或区间）可以剔除掉，排除其作为地质灾害预测因子。

由于每个评价单元受众多因素的综合影响，各因素又存在若干状态，各状态因素组合条件下地质灾害发生的总信息量可用式（4-2）确定：

$$I=\sum_{i=1}^{n}\ln\frac{N_i/N}{S_i/S} \tag{4-2}$$

式中 I——对应特定单元地质灾害发生的总信息量，指示地质灾害发生的可能性，可作为地质灾害易发性指数；

N_i——对应特定因素、第 i 状态（或区间）条件下的地质灾害面积或地质灾害点数；

S_i——对应特定因素、第 i 状态（或区间）的分布面积；

N——调查区地质灾害总面积或总地质灾害点数；

S——调查区总面积。

2. 逻辑回归模型

逻辑回归模型是一种离散选择法模型。它是一种非线性模型，广泛地应用于数量统计学、市场营销统计、社会学、临床统计学等，属于多重变量范畴。因其性质拟合于地质灾害易发性分析的过程，因此这种多变量非线性模型近年来在地质灾害领域获得了较大的发展。其步骤如下：

首先确定区域地质灾害易发性评价的因子，利用数学方法进行线性回归分析得到逻辑回归模型的回归系数。

$$\log\left(\frac{P_i}{1-P_i}\right)=b_0+b_1X_1+b_2X_2+b_3X_3+\cdots+b_pX_p \tag{4-3}$$

式中 $\log\left(\frac{P_i}{1-P_i}\right)$——地质灾害事件发生概率的自然对数值；

P_i——评价因子在不同分级条件下发生地质灾害的概率；

b_0——常数项；

b_1，b_2，b_3，…，b_p——逻辑回归模型的回归系数；

X_1，X_2，X_3，…，X_p——自变量。

将得到的 P_i 求和得到地质灾害易发性值 S_0，最后经过归一化和自然断点法得到区域地质灾害易发性。

$$S_0=\sum_{i=1}^{n} P_i \tag{4-4}$$

式中 S_0——地质灾害易发性值。

3. 证据权模型

证据权模型通过对与地质灾害形成相关的影响因素的权重指数进行叠加分析，开展地质灾害易发性评价。其中，每种影响因素都被视为地质灾害易发性评价的证据因子，各证据因子对地质灾害易发性的贡献由该因子的权重值来表征。一般将各证据因子图层网格化为不连续的二值化图层：1 代表因子对灾害发生的证据存在，0 代表不存在；通过证据权模型给出该二值化的证据因子图层的权重，最终叠加多元图层，实现地质灾害易发性评价。

证据权法的分析流程如下：

1）权重计算

计算每一个证据因子的权重，首先要把整个调查区栅格化，然后利用条件概率计算证据因子图层所有单元对地质灾害发生的贡献权重。

假设调查区被划分成面积相等的 T 个单元，其中，B 为分级后该级别下存在地质灾害的单元数，$\overline{B}$ 为分级后该级别下不存在地质灾害的单元数，D 为调查区存在地质灾害的单元数，$\overline{D}$为调查区不存在地质灾害的单元数。则证据因子的权重定义为

$$w^{+}=\ln\frac{P\left(\frac{B}{D}\right)}{P\left(\frac{B}{\overline{D}}\right)} \tag{4-5}$$

$$w^{-}=\ln \frac{P\left(\dfrac{\overline{B}}{D}\right)}{P\left(\dfrac{\overline{B}}{\overline{D}}\right)} \tag{4-6}$$

式中 w^{+}——证据因子存在区的权重值；

w^{-}——证据因子不存在区的权重值；

P——概率。

证据因子权重由落入特定证据因子图层的灾点数和全部灾点数之比与证据因子图层面积和调查区总面积之比的比值决定。证据因子和灾点正相关时表示为 $w^{+}>0$，$w^{-}<0$；负相关时为 $w^{+}<0$，$w^{-}>0$；不相关时权重为 0。对于原始数据缺失区域，其权重值为 0。

相对系数 $C=w^{+}-w^{-}$，用来度量证据图层和地质灾害之间的相关性大小，其值越大，相关性越大，越有利于地质灾害的发生，反之则不利于地质灾害的发生。

2）证据综合

在上述权重值计算及分析的基础上，通过证据层的优选，选择权重值较大、与地质灾害关系密切的证据层，剔除权重值较小、与地质灾害关系不密切的证据层；进一步进行证据因子相对灾点的条件独立性检验，剔除地质灾害权重值相对较小而与其他证据因子相关性大的证据层。对最终筛选出的 n 个关于地质灾害点条件独立的证据因子，根据贝叶斯法则确定研究区任一单元 K 为地质灾害的可能性，其对数后验概率可表示如下：

$$F=\ln O\left(\frac{D}{\sum_{i=1}^{n} B_{i}^{K(i)}}\right)=\sum_{i=0}^{n} w_{i}^{K}+\ln O(D) \tag{4-7}$$

式中 F——对数后验概率；

O——概率，$O(D)=\dfrac{D}{T-D}$；

T——调查区单元数；

D——存在地质灾害的单元网格数；

B_i——第 i 个证据层；

$K(i)$——在第 i 个证据因子层存在时是+，不存在时是-；

w_i——第 i 个证据因子存在或不存在的权重。

最后计算后验概率：

$$P=\frac{O}{1}+O=\frac{\exp(F)}{1+\exp(F)} \tag{4-8}$$

式中　P——后验概率。

后验概率值在 0~1 之间，其数值大小指示易发性的高低。后验概率值越大，表示地质灾害易发性越高；后验概率值越小，表示地质灾害易发性越低。

二、1∶50000 地质灾害易发性评价

针对县域为单元开展的地质灾害易发性评价，可采用基于标准栅格单元的统计分析方法，栅格单元的尺寸通常不低于 30 m。通过开展针对区域地质灾害孕灾地质背景条件和主控因素的实地调查，提炼对区域灾害形成、发育、破坏起控制性影响的主要因素，并在此基础上构建评价指标体系，评价指标阈值的选取应与野外调查确定的地质灾害发育程度相匹配。基于信息量、证据权重、逻辑回归等方法，开展各评价单要素与区域已知地质灾害及隐患点的叠加分析，定量分析各单要素对地质灾害的影响，并将该影响转化为指数对每一个评价栅格单元进行赋值，最终综合叠加同一栅格上所有单要素的影响指数，进而实现对区域上地质灾害的定量评价与区划。

不同地区地质灾害孕灾条件和发育特征具有相似性和差异性。通常情况下，地质灾害风险评价指标包括地质灾害及隐患点空间分布、类型和规模、地形地貌、工程地质岩组、斜坡结构类型、活动构造、降水、地震峰值加速度、水系分布以及承灾体空间分布、数量和价值等。针对不同地区，可在上述常用指标的基础上，进一步

增加特征性指标，如陇南白龙江流域变质岩地区可考虑增加松散物源区厚度与空间分布以及沟壑密度，其对区内泥石流的形成和破坏程度起重要控制作用；黄土地区可考虑增加落水洞规模大小与空间分布，其对黄土地质灾害发育和形成有重要控制作用；东南沿海残坡积层和风化层地区，可考虑增加残坡积层、强风化层的厚度和空间分布，其对台风暴雨型坡面溜滑和泥石流灾害具有重要控制作用。

以云南省泸水市（县级市）为例，简要介绍 1∶50000 地质灾害易发性评价方法与流程，以为不同地区开展 1∶50000 地质灾害风险评价提供借鉴和参考。

云南省泸水市位于滇西横断山系的南部，属高中山深切割峡谷地貌，由于河流深切作用，河谷地形陡峭，形成有名的“怒江大峡谷”。两岸山脉高程 3500~3900 m，河床高程为 800~1000 m，相对高差达 2000~3000 m。地层岩性复杂，时代跨度大，岩类包括沉积岩、火成岩以及变质岩，地层从前震旦系至第四系均有发育。区内泥石流、滑坡、崩塌地质灾害表现出明显的集聚性，主要沿怒江断裂及其次级断裂呈南北向条带状分布。此外人类工程活动对地质灾害形成具有较为明显的影响。

通过大量的现场调查工作，利用定性分析、专家经验、孕灾地质条件分析和地质灾害编录数据分布的相关性分析，查明地层岩性、地质构造、地形地貌和水土流失情况是区域内与地质灾害发育分布最为相关的孕灾地质条件。

经统计分析，将地层岩性部分细化和概化为工程地质岩组，地质构造主要选取断裂构造，地形地貌采用斜坡坡度，水土流失采用侵蚀强度，作为地质灾害易发性评价指标，基于信息量模型通过 ArcGIS 计算，完成指标因子的分析与量化。

各指标因素根据信息量和权重进行叠加，反复计算分析并与实际情况进行对比，形成易发性评价结果。按自然间断法或自定义间隔等方法，将评价结果划分为高易发、中易发、低易发、非易发 4 个等

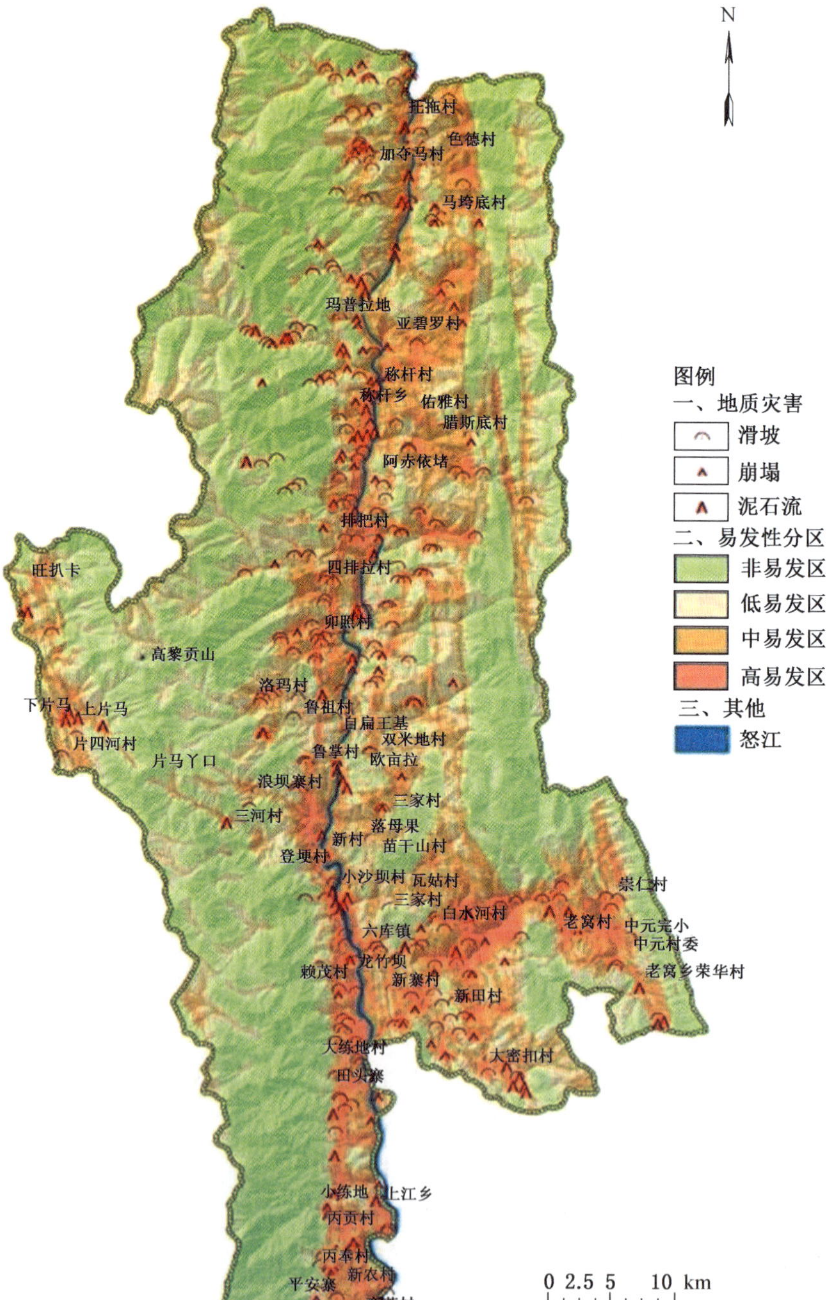

图 4-1 1∶50000 地质灾害易发性评价图

级，如图 4-1 所示。

三、1∶50000 地质灾害危险性评价

在易发性评价的基础上，以地质灾害的主要诱发因素（降雨）为评价指标，评估地质灾害的危险性。泸水市雨季时期初夏和秋末暴雨较为频繁，年均降雨量在 1200 mm 左右，最大降雨量可达 1742. 1 mm (1997 年)，最大日降雨量可达 105. 3 mm。降雨是形成和影响滑坡、崩塌、泥石流的主要诱发因素，降雨量的多少、时间长短与地质灾害活动强度、频度变化呈正相关。

将云南省泸水市国家气象观测站、区域自动观测站、自动化雨量监测点等资料进行汇总，以能最大化表现各地降雨量差异为目的，将历史月累积、平均、最大或最小降雨量（大于 5 年）作为地质灾害危险性评价指标，按照克里金插值等方法生成降雨量等值线图，与易发性指标进行叠加形成危险性评价图，如图 4-2 所示。危险性评价结果可划分为极高危险、高危险、中危险、低危险 4 个等级。

四、1∶50000 地质灾害易损性评价

易损性是指承灾体可能遭受地质灾害破坏的严重程度。在精度满足要求的前提下，一般调查区基础设施承灾体调查可采用“三调”数据、地形图标注地物、遥感调查或灯光指数等代替部分地面工作量，人员承灾体在调查的基础上可采用威胁人员数量与建筑物面积的比例关系进行计算。

根据《地质灾害防治条例》和《国家突发地质灾害应急预案》对地质灾害险情和灾情的界定，均是以人口数量和财产损失为依据。本教材中易损性强调承灾体的价值，同样以人口数量和财产损失为指标，淡化承灾体抵抗地质灾害破坏的能力（脆弱性）。易损性评价过程中应分别评估人员和基础设施易损性，设定权重综合确定承灾体易损性。易损性赋值见表 4-1。

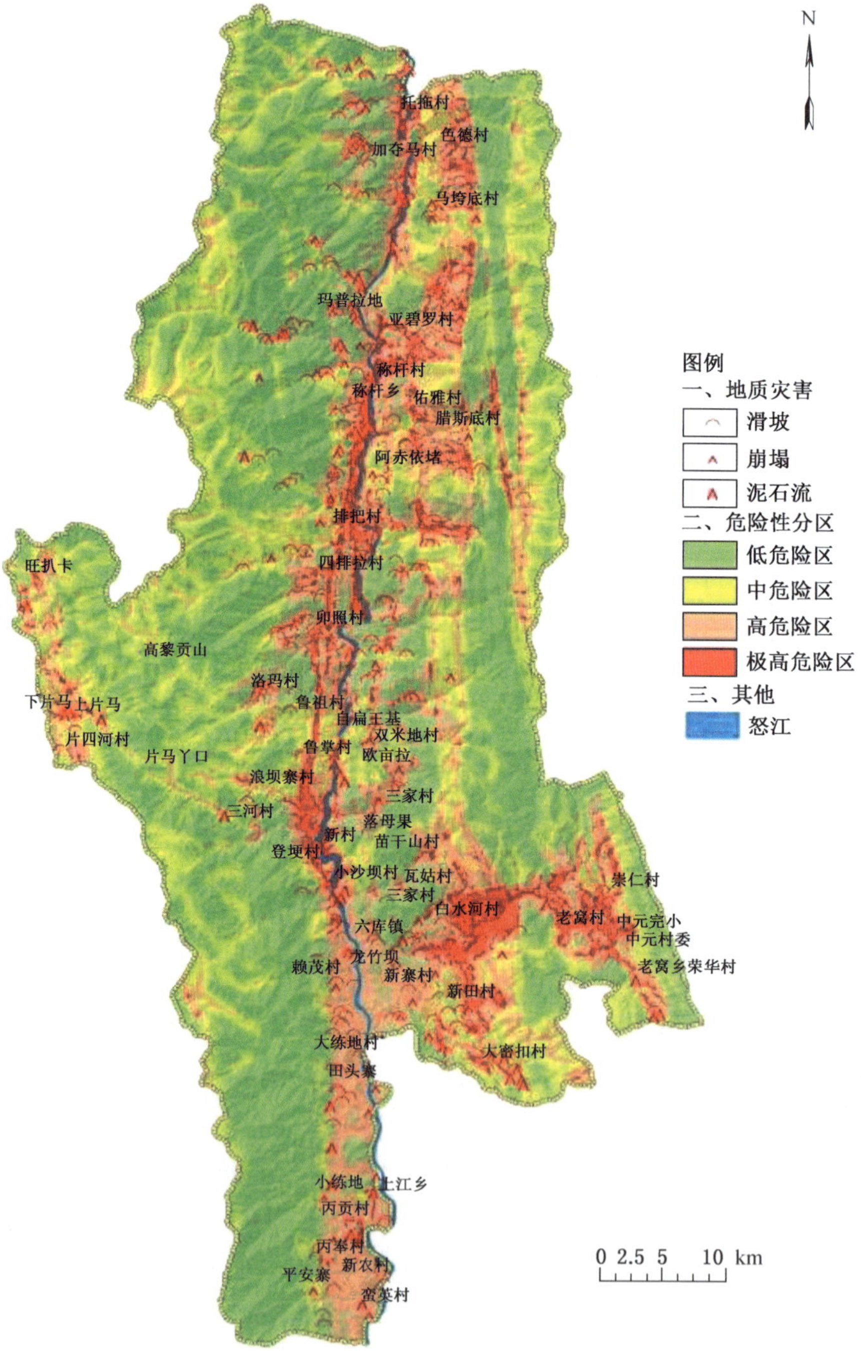

图 4-2　1∶50000 地质灾害危险性评价图

表 4-1　一般调查区承灾体易损性赋值建议表

承灾体类型	分级	赋值
受地质灾害直接威胁人口数量	≥1000 人	0.8~1.0
	100~1000 人	0.5~0.8
	10~100 人	0.3~0.5
	<10 人	0~0.3
交通设施	高速公路	0.8~0.9
	国家级公路	0.5~0.8
	省级公路	0.3~0.5
	城市道路	0.2~0.3
	一般公路	0.1~0.3
	高速铁路	0.8~1.0
	一般铁路	0.3~0.6
其他生活设施	油气线路	0.8~1.0
	输水线路	0.4~0.7
	输电线路	0.4~0.7
	通信线路	0.3~0.6

注：山地丘陵区宜取赋值区间范围的高值，平原区宜取低值。在景区、牧区等区域评价中应考虑人口流动性变化情况。

（一）建筑物易损性

建筑物为人口分布的基础载体，同时又具有自身的经济价值，采用对建筑物面积归一化处理的方法，取归一化值作为调查区内的基础易损性。

（二）人员易损性

根据调查获取地质灾害点及隐患的威胁人口数量，可采用核密度算法获得人员易损性，再进行重分类。

（三）交通设施易损性

交通设施易损性应按不同设施类型和等级进行易损性赋值。

（四）其他生活设施易损性

其他生活设施易损性应按不同设施类型进行易损性赋值。

（五）综合易损性评价

将不同类型承灾体易损性进行叠加，获得综合易损性评价结果。

五、1∶50000 地质灾害风险评价

将危险性和易损性评价结果叠加运算，形成风险评价结果。地质灾害的危险性和易损性评价结果叠加运算可采用矩阵分析方法。地质灾害风险等级划分矩阵见表 4-2。

表 4-2　地质灾害风险等级划分建议表

风险等级		危险性等级			
		极高	高	中	低
易损性等级	极高	极高	极高	高	中
	高	极高	高	中	中
	中	高	高	中	低
	低	高	中	低	低

将风险评价结果基于相似性、相近性的原则进一步概化，形成最终的风险区划成果，如图 4-3 所示。风险区划结果可划分为极高风险、高风险、中风险、低风险 4 个等级。

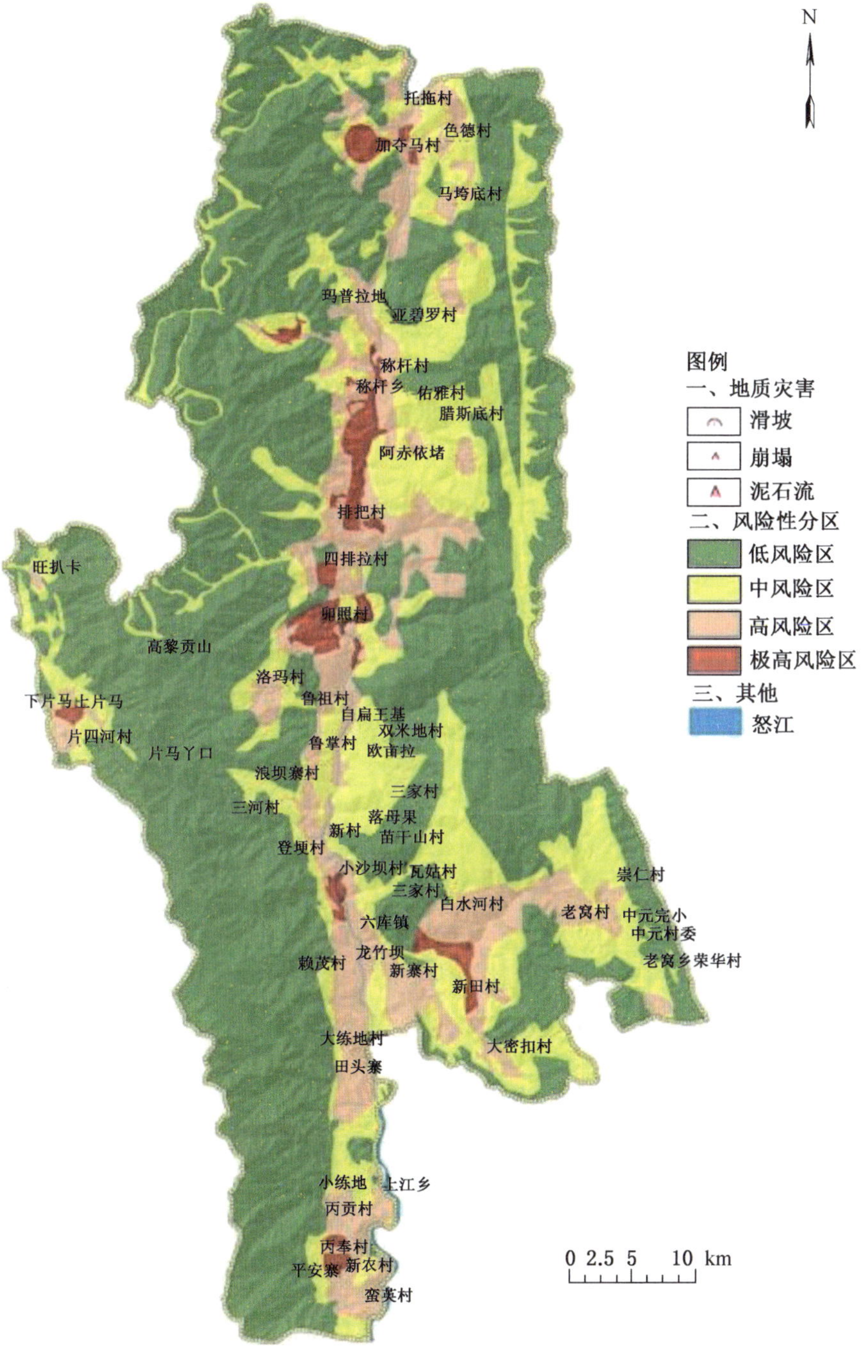

图 4-3　1：50000 地质灾害风险区划图

第三节　1∶10000 地质灾害风险评价

对受地质灾害威胁的集镇、迁建区、集中安置点等人口聚集区，视情况开展 1∶10000 地质灾害风险评价。

重点调查区 1∶10000 地质灾害风险评价流程与全区 1∶50000 风险评价工作流程相似，在具体评价过程中，主要在基于调查成果建立的评价指标体系会有所差异，评价因子分级阈值精度更高，另外，危险性评价工况不一样，承灾体数据精度更高等。

下面以浙江省杭州市鸬鸟镇为例，介绍 1∶10000 地质灾害风险评价。

一、评价单元划分

斜坡单元划分的基本原理是基于精度与质量符合要求的无凹陷 DEM 数据的地表水文分析功能，得到初步的斜坡单元，通过人机交互修整得到最终斜坡单元。通常，斜坡单元划分包括以下两个步骤：首先是基于 ArcGIS 的斜坡单元预划分，分析 DEM 数据的准确性与完整性、寻找并剔除斜坡中微地貌扰乱效应、确定斜坡划分疏密程度，得到斜坡单元划分初步结果；其次是基于人工专业知识的人机交互完善斜坡单元，以地质灾害精准防治为目标导向，调整完善基于 ArcGIS 预划分的斜坡单元，剔除地质灾害发生可能性极低或者为零的地势平坦区，对斜坡单元进行合理性调整，得到最终斜坡单元，使之更加契合地质灾害风险评价和管控需求。

（一）DEM 数据分析

DEM 数据是斜坡单元划分的基础，其数据精度和准确性直接关系到地质灾害风险评价的质量。为满足 1∶10000 地质灾害风险调查评价的要求，进行斜坡单元划分的 DEM 数据应能够反映研究区的四级沟谷以及斜坡的边界特征，且其成图比例尺不能小于 1∶10000。

（二）斜坡体中微地貌扰乱效应剔除

利用 DEM 数据进行地表水文分析是提取山脊与山谷线的重要手段，山脊和山谷线融合构成的网络界线即为斜坡单元边界线。但是野外实际调查表明，多数斜坡体中存在一些地势较其周围地面低的区域，按照常规的地表水文分析法划分斜坡单元时，这些区域内会出现完整的斜坡单元，并被分割，从而产生坡中坡的微地貌，通常这一问题被称为“扰乱效应”。由于扰乱效应区域存在，使得基于自动化地表水文分析工具的斜坡划分结果与实际地形吻合度不高，导致一方面增加野外实际地质灾害调查工作量，另一方面降低地质灾害风险评价准确性。通常可利用水文分析原理，从寻找微地貌与消除微地貌两方面来剔除斜坡体中扰乱效应。

（1）计算机自动确定微地貌扰乱效应区域。微地貌扰乱效应区域在 DEM 数据中表现为其高程值小于周围栅格数据的高程，借助水文分析过程中提取水流源与汇的工作原理，来寻找研究区具有微地貌扰乱效应的区域。对 DEM 数据中每个栅格单元的流向进行分析，提取水流方向无法确定的栅格单元得到研究区汇的栅格数据，这些汇的栅格数据就是潜在的微地貌扰乱效应区域。

（2）剔除微地貌扰乱效应。根据以往地质调查成果，研究区域内无岩溶地貌，确定所有产生的扰乱效应都是由坡体中微地貌所致，消除微地貌扰乱效应其实就是消除汇，即填洼。首先通过 ArcGIS 水文分析模块统计计算出所有汇的水流贡献区域，然后分区统计出每个贡献区域的最低高程，再通过区域填充计算每个贡献区域的出水口高程（区域边界的最小高程），之后利用出水口高程减最低高程，计算出真实的洼地深度，从而确定填洼阈值（Z）进行填洼。

（三）斜坡单元边界确定

根据研究区地质灾害的发育特征确定斜坡的边界。通常，对以斜坡为单元的地质灾害调查、评价及风险管控工作中的斜坡单元进行划分时，斜坡单元大多为由山谷线所围成的区域。

斜坡单元划分的准确性与疏密程度取决于水文分析所刻画山谷线的准确性与疏密程度，山谷线刻画得越符合实际地形则所划分的斜坡单元越准确，山谷线刻画得越密所划分的斜坡单元越精细。基于以上原则，借用 ArcGIS 水文分析中提取集水流域面积边界线的方法来刻画山谷线，从而确定斜坡单元边界线。

为满足 1∶10000 地质灾害风险调查评价工作要求，斜坡单元划分时只需反映出四级沟谷分布的情况，所以需选取合理的集水流域面积阈值来控制斜坡单元划分的疏密程度。集水流域面积阈值即水文分析过程中的流量栅格像素值，像素值越大，集水流域面积越大，所刻画的山谷线越稀疏，斜坡单元面积越大，数量越少；反之斜坡单元面积小，数量多。

（四）人机交互修整完善不合理斜坡单元

斜坡单元划分过程中如果单纯地依靠 ArcGIS 软件自动化划分，得到的结果仍然存在与实际地形不符的斜坡单元。为使划分结果更好地服务于地质灾害调查评价工作，减少野外调查工作量，提高风险评价精准度，优化灾害风险管控体系，应遵循以下 3 点原则：①无地质灾害地势平坦区应不参与斜坡单元的划分；②一些单元面积与实际斜坡面积相差较大的应进行合理调整；③每个承灾体应只隶属于一个斜坡单元。基于以上原则，结合人工专业知识利用人机交互的方法来修整完善不合理斜坡单元。

浙江省杭州市鸬鸟镇地质灾害风险调查评价中，山体斜坡单元划分结果如图 4-4 所示。

二、易发性评价

基于对工作区地质灾害类型、发育分布特征、主要影响因素和成灾模式的研究总结，构建研究区基于斜坡单元的区域地质灾害易发性评价体系。评价体系由 12 项因子构成：坡度、坡向、高差、坡形、覆盖层厚度、岩土体、年均降雨、道路、河流、构造、地震、社会发展。

在评价区域易发程度时，研究发现工作区内的年均雨量、地震动峰值加速度在区域上的变化不大或无变化，因此此处不纳入易发性评

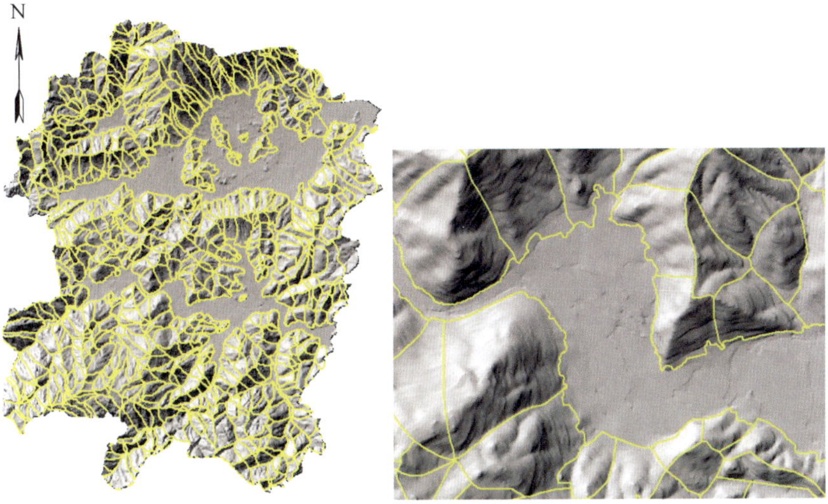

(a) 斜坡单元划分结果　　(b) 斜坡单元与山地阴影嵌套图

图 4-4　山体斜坡单元划分

价体系。另外，对于社会发展指标采用最新的空间管制规划来代替。确定参与评价的因子后，在 ArcGIS 中，将各评价因子图层进行分级，并量化。

在 ArcGIS 中，对各因子图层进行数字化，并综合利用信息量法、专家打分法、SPSS 数据分析等方法，确定了各评价因子的权重。借助 ArcGIS 的空间分析功能，加权计算每一个斜坡单元的地质灾害易发程度综合值。据此进行分级，得到区域的地质灾害易发程度分区图，如图 4-5 所示。

三、危险性评价

基于以斜坡为单元的地质灾害易发性评价，叠加不同的降雨工况，评价工作区的地质灾害危险性。

降雨工况的设定采纳浙江省地方政府的建议，工况分为 4 种情况：日降雨量分别达到大雨、暴雨、大暴雨、特大暴雨级别。

按照气象部分的划分，大雨、暴雨、大暴雨、特大暴雨的划分标

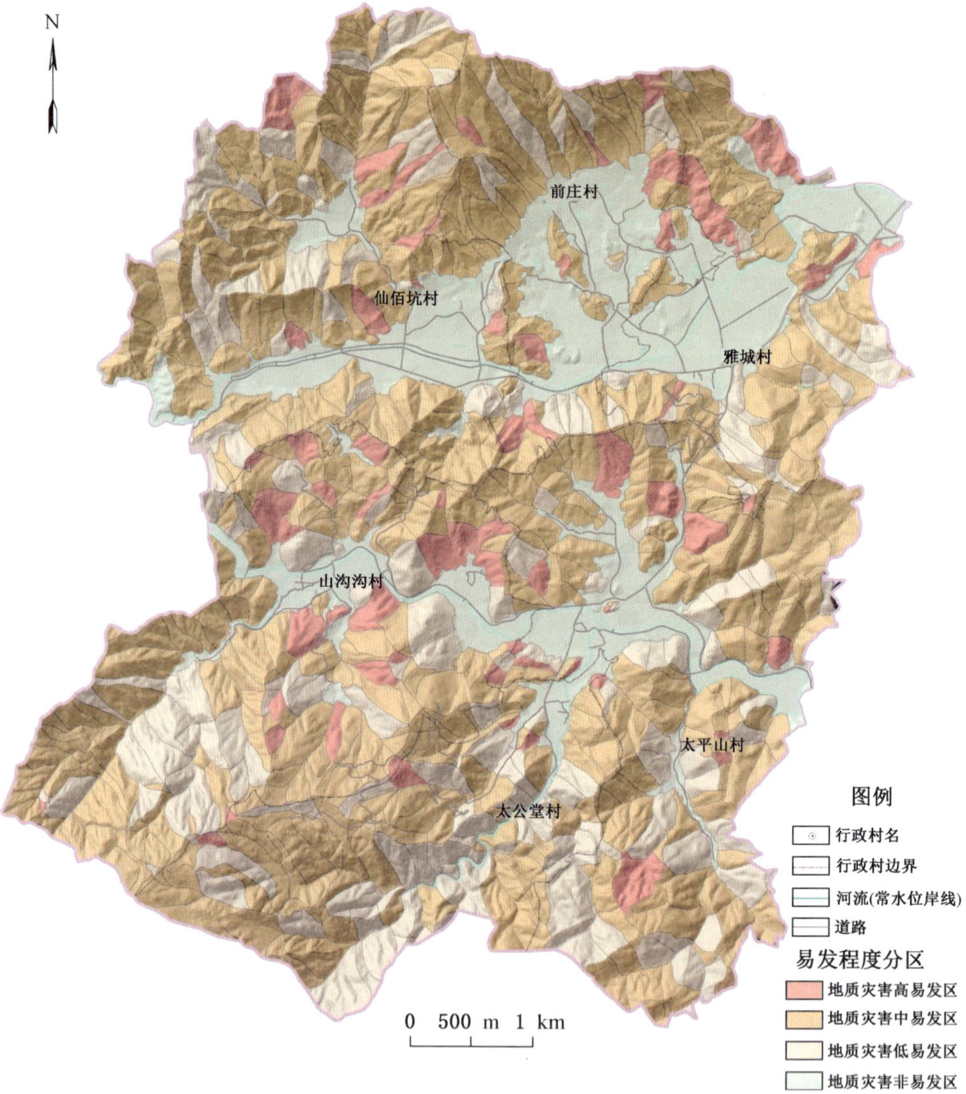

图 4-5　1∶10000 地质灾害易发性评价图

准以 12 h 内或 24 h 内降水量来判定。其中，大雨指 12 h 内降水量 15~30 mm 或 24 h 内降水量 25~50 mm；暴雨指 12 h 内降水量 30~70 mm 或 24 h 内降水量超过 50~100 mm；大暴雨指 12 h 内降水量 70~140 mm 或 24 h 内降水量 100~250 mm；特大暴雨指 12 h 内降水量大于 140 mm 或 24 h 内降水量超过 250 mm。

此处，采用 24 h 内降水量进行地质灾害危险性评价。暴雨工况下的地质灾害危险性评价结果如图 4-6 所示。

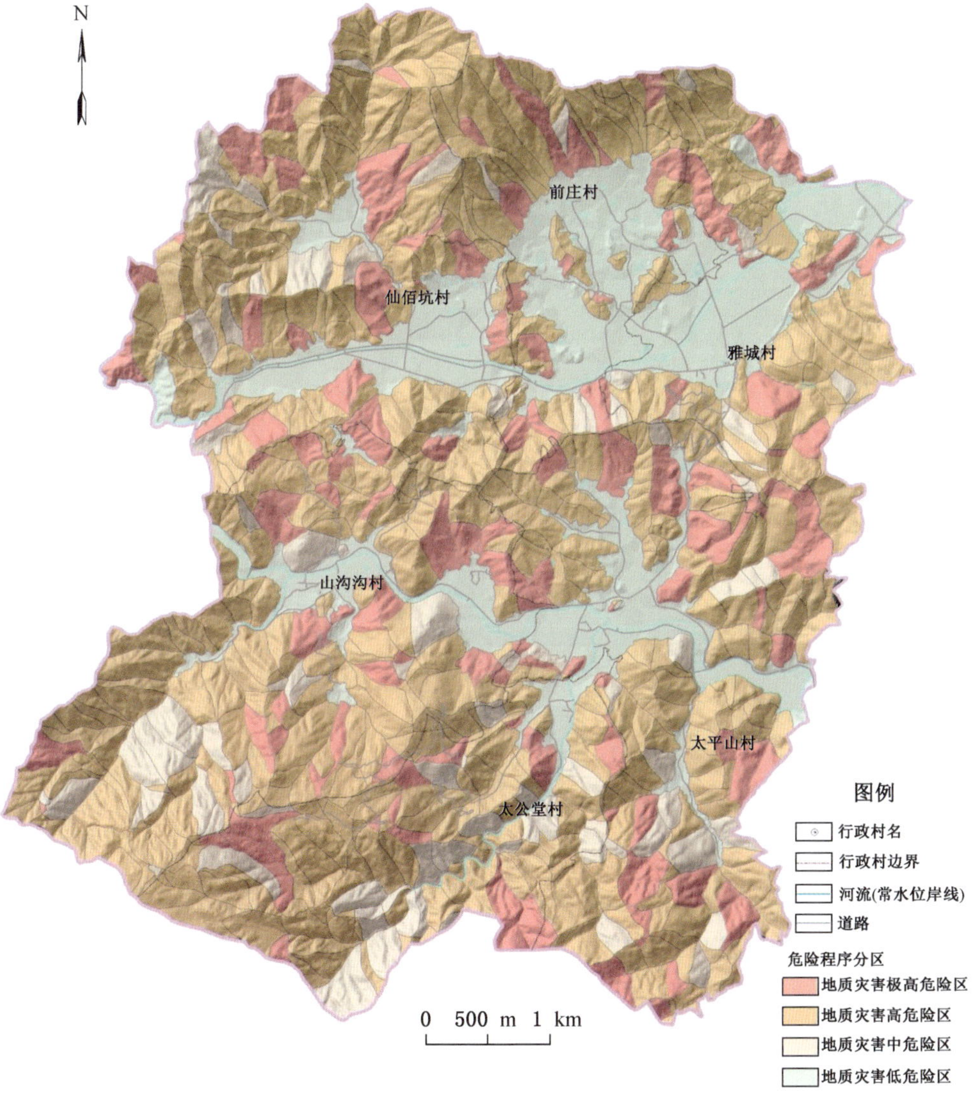

图 4-6 暴雨工况下的 1∶10000 地质灾害危险性评价图

四、易损性评价

易损性评价方法与 1∶50000 评价方法相同，随着调查精度的提高，重点调查区各类承灾体评价指标和分级进一步细化。在分别进行赋值并采用一定的权重进行综合评价后，获得重点调查区综合易损性。重点调查区承灾体易损性赋值建议表见表 4-3。

表 4-3　重点调查区承灾体易损性赋值建议表

承灾体类型	评价指标	权重	分级	赋值
人口	人口密度/（人·m^{-2}）	0.8	≥0.2	0.8~1.0
			0.03~0.20	0.5~0.8
			<0.03	0.3~0.5
	年龄结构（中青年：幼老年）	0.2	<1	0.7~1.0
			1~3	0.5~0.7
			≥3	0.3~0.5
建筑物	结构类型	0.5	钢结构	0.1~0.3
			钢混	0.3~0.4
			砖混	0.4~0.7
			砖木	0.7~0.8
			土木	0.8~1.0
	建筑类型	0.4	学校	0.8~0.9
			医院	0.8~1.0
			其他	0.6~0.8

表 4-3（续）

承灾体类型	评价指标	权重	分级	赋值
建筑物	楼层数	0.1	<3 层	0.3~0.5
			3~7 层	0.5~0.7
			7~15 层	0.7~0.8
			≥15 层	0.8~1.0
交通设施	设施类型	1	高速公路	0.8~0.9
			国家级公路	0.5~0.8
			省级公路	0.3~0.5
			城市道路	0.2~0.3
			一般公路	0.1~0.3
			高速铁路	0.8~1.0
			城市路面轨道	0.7~0.9
			轻轨	0.6~0.8
			一般铁路	0.3~0.6
			地铁	0.3~0.5
重要工程	工程类型	1	油气线路	0.8~1.0
			输水线路	0.4~0.7
			输电线路	0.4~0.7
			通信线路	0.3~0.6

五、风险评价与区划

将危险性和易损性进行叠加，获得不同工况下 1∶10000 地质灾害风险评价图。通过概化，结合现场调查验证，划分为极高、高、中、低 4 级地质灾害风险区。暴雨工况下的地质灾害人口伤亡风险区划结果如图 4-7 所示。

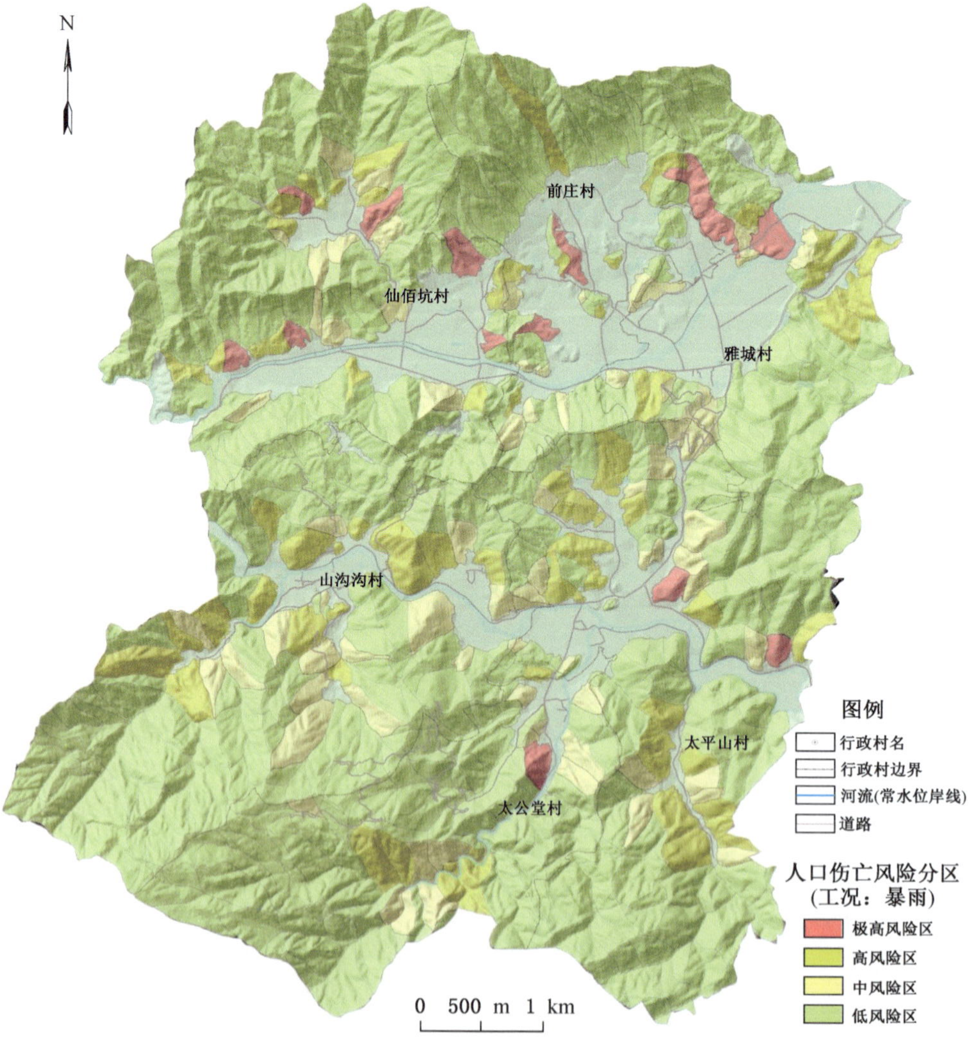

图 4-7 暴雨工况下的 1∶10000 地质灾害人口伤亡风险区划图

第四节　单体地质灾害风险评价

对调查区内重要或典型单体地质灾害及隐患进行风险评价，划定风险等级，掌握风险隐患底数，服务地方防灾减灾管理工作。

一、调查点定性风险评价

对于未开展地质灾害勘查、资料或数据较少的地质灾害调查点，主要依据遥感解译和野外调查资料，采用地质地貌分析法、工程地质类比法等方法，在地质灾害活动性和危害性等级定性划分的基础上，进行单体地质灾害调查点风险定性评价。地质灾害活动性等级划分建议表见表4-4。地质灾害危害性等级划分建议表见表4-5。单体地质灾害调查点风险定性评价建议表见表4-6。

表4-4　地质灾害活动性等级划分建议表

活动性等级	特征		
	崩塌	滑坡	泥石流
极高	临空，坡度陡且常处于地表径流的冲刷之下，存在进一步变形发展趋势，并有季节性泉水出露，岩土潮湿、饱水。坡面上有多条新发展的裂缝，贯通性强，其上建筑物、植被有新的变形迹象。结构面发育，存在软弱结构面或易滑组合块体。可见裂缝或明显位移迹象，有积水或存在积水地形。裂隙水和岩溶水发育，具多层含水层	滑坡前缘临空，坡度较陡且常处于地表径流的冲刷之下，有季节性泉水出露，岩土潮湿、饱水。坡面上有多条新发展的滑坡裂缝，贯通性强，其上建筑物、植被有新的变形迹象。后缘壁上可见擦痕或有明显位移迹象，后缘弧形裂缝和两侧羽状剪切裂缝发育	泥石流流域内斜坡变形强烈，新增物源丰富，主要来自崩塌、滑坡等，沟谷片蚀、侧蚀发育。属于泥石流灾害旺盛期，山坡从凸形坡转为凹形坡，沟槽堆积和堵塞现象严重，形成区扩大，流通区向上延伸，堆积区扇面新鲜，漫流现象严重。泥石流发生频率极高

表 4-4（续）

活动性等级	特征		
	崩塌	滑坡	泥石流
高	临空，坡度较陡，受地表径流冲刷，有一定变形发展趋势，并有少量季节性泉水出露，岩土较潮湿，局部饱水。坡面上有少量新发展的裂缝，具有一定贯通性，其上建筑物、植被有少量新的变形迹象，裂隙较发育或存在易滑软弱结构面。可见裂缝或明显位移迹象，有积水或存在积水地形，裂隙水和岩溶水较发育，地下水排泄条件好	前缘临空，有间断季节性地表径流流经，岩土较潮湿，坡面上发育有新生裂缝，具有一定贯通性，其上建筑物、植被有较明显的变形迹象。后缘一定数量裂缝发育，后缘壁上较为明显变形迹象	泥石流流域内斜坡变形较强烈，新增物源较丰富，多见新生沟谷，有少量滑坡、崩塌等。山坡以凸形为主，形成区分散，并逐步扩大，流通区较短，堆积区扇面新鲜，淤积较快。以淤为主，淤积速度增快，泥石流发生频率高
中	临空，有间断季节性地表径流流经，岩土体较湿。坡面上局部有小的裂缝，其上建筑物、植被无新的变形迹象，裂隙较发育或存在软弱结构面。有小裂缝，无明显变形迹象，存在积水地形，裂隙发育，地下水排泄条件好	前缘临空，有少量间断季节性地表径流流经，岩土体较干燥。坡面上局部有小的裂缝，其上建筑物、植被有少量变形迹象。后缘有断续的小裂缝发育，后缘壁上有不明显变形迹象	泥石流流域内斜坡变形较小，新增物源中等，以沟槽搬运及侧蚀供给为主。山坡以凹形为主，形成区减少，流通区向上延伸，堆积区扇面陈旧，生长植物，植被较好。有冲有淤，淤积速度减小，泥石流发生频率中等

表 4-4（续）

活动性等级	特征		
	崩塌	滑坡	泥石流
低	斜坡较缓，临空高差小，无地表径流流经和继续变形的迹象，岩土体干燥。坡面上无裂缝发展，其上建筑物、植被无新的变形迹象，裂隙不发育，不存在软弱结构面。无位移迹象，无积水，也不存在积水地形，隔水性好，无富水地层	前缘斜坡较缓，临空高差小，无地表径流流经和继续变形的迹象，岩土体干燥。坡面上无裂缝发展，其上建筑物、植被无新的变形迹象。后缘壁上无擦痕和明显位移迹象	泥石流流域内斜坡变形小，新增物源少。全沟下切，沟槽稳定，形成区基本消失，逐渐变为普通洪流，植被良好，山坡块体运动基本消失，堆积区冲刷下切为主。泥石流发生频率低

表 4-5　地质灾害危害性等级划分建议表

危害等级		极高	高	中	低
危害对象	城镇	威胁人数≥1000人，潜在经济损失≥1000万元	威胁人数500~1000人，潜在经济损失5000万~10000万元	威胁人数100~500人，潜在经济损失500万~5000万元	威胁人数＜100人，潜在经济损失＜500万元
	交通道路	一级铁路，高速公路	二级铁路，省级以上公路	三级铁路，县级公路	铁路支线，乡村公路
	大江大河	大型以上水库，重大水利水电工程	中型水库，省级重要水利水电工程	中小型水库，市级重要水利水电工程	小型水库，县级水利水电工程
	矿山	特大型及重要大型矿山	大型矿山	中型矿山	小型矿山

注：只需其一达到标准即可判定相应的级别。

表 4-6　单体地质灾害调查点风险定性评价建议表

风险等级		活动性等级			
		极高	高	中	低
危害性等级	极高	极高	极高	高	中
	高	极高	高	中	中
	中	高	高	中	低
	低	高	中	低	低

二、调查点定量风险评价

针对单体地质灾害，视情况开展地质灾害体风险评价。

（一）评价方法

主要依据遥感解译、钻探、山地工程、物探、测试与试验等资料，分析地质灾害发生概率，结合现场调查、历史统计、经验公式和数值模拟等方法划分不同工况下灾害体潜在影响范围。根据地质灾害现场调查和资料收集，对灾害体影响范围内的建筑、人口进行详细调查，评价承灾体易损性。将危险性和易损性评价结果叠加运算，确定单体地质灾害风险等级。

（二）案例分析

龙峰村 1 组滑坡位于慈利县龙峰村零溪河右岸，如图 4-8 所示，其为一土质滑坡，滑坡平面形态呈半圆形，主滑方向 210°~230°，滑坡纵长 250 m，横宽 301 m，面积约 $6.64\times10^4\ m^2$，厚约 7 m，体积约 $46.48\times10^4\ m^3$。滑坡纵剖面陡缓相间呈折线状，滑坡整体较陡，坡度 35°~50°，局部 60°；滑坡两侧均以宽缓山脊为界，滑坡后缘高程在 250~270 m 一线，前缘高程约 88 m，前缘建筑区建筑物密集。

图 4-8　滑坡全貌

滑体物质主要由粉质黏土夹碎块石组成，结构零乱，碎石含量较多；滑床为志留系中统小溪组（S2x）石英砂岩和志留系中统吴家院子组（S2w）泥质粉砂岩，基岩产状 60°∠12°；滑坡滑面形态呈折线形，滑带土主要为含砾黏土，土质松散。

1998 年 7 月 5 日，龙峰村 1 组滑坡后缘出现拉张裂缝；2008 年 5 月 21 日，后缘危岩体有坠石现象，毁坏房屋 1 户 2 间，直接损失 4 万元，威胁人数 60 人，威胁财产 600 万元。滑坡整体坡度陡，受降雨影响，具有季节性活动特点。目前滑坡为潜在不稳定，发展趋势为不稳定。因滑坡区前缘居民区密集，人口居住集中，若发生整体滑移变形，危害巨大。

利用 Geo-slope 软件对不同工况下滑坡的稳定系数和破坏概率进行计算。当滑坡处于天然工况，稳定系数为 1. 115，破坏概率为 0. 1780；在降雨工况下，稳定系数随着降雨量的不断增大而降低，破坏概率也随之不断增大。时间尺度越大的暴雨重现期，滑坡的稳定系数迅速降低，破坏概率随之迅速增大。不同工况下滑坡稳定性系数与破坏概率见表 4-7。

表 4-7　不同工况下滑坡稳定性系数与破坏概率

工况条件	天然工况	10 年一遇降雨	20 年一遇降雨	50 年一遇降雨
稳定系数	1.115	1.089	1.006	0.9
破坏概率	0.1780	0.3267	0.5126	0.8134

龙峰村 1 组滑坡坡度陡，在降雨条件下极易发生滑动。综合考虑滑坡地质条件和地形地貌特征，采用计算分析软件模拟滑坡运动过程，对龙峰村 1 组滑坡的运动过程进行分析，记录滑坡的运动轨迹及运动全程的速度和滑体厚度的变化。在 50 年一遇暴雨工况下，滑体运动轨迹和滑体物质堆积厚度变化情况如图 4-9 所示。

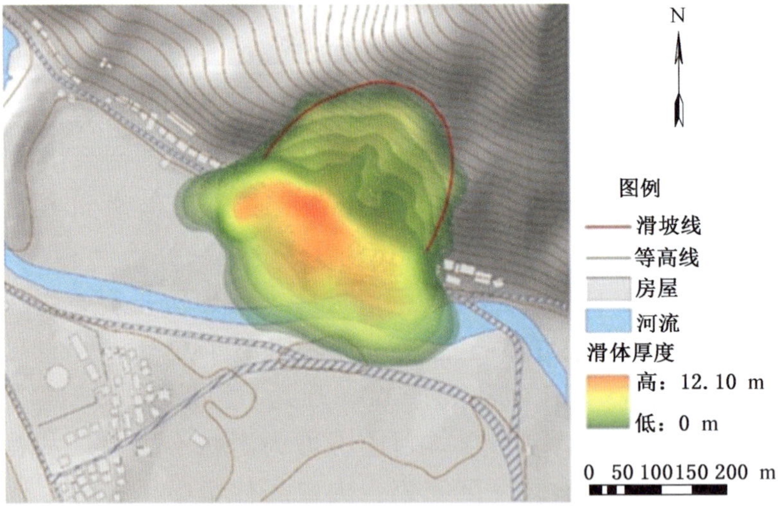

图 4-9　滑坡滑移轨迹与堆积厚度模拟图

根据滑坡现场调查和资料收集，对不同工况下滑坡影响范围内的建筑、人口进行详细调查，主要集中在居民建筑、工矿企业、医院、学校和线路工程等；对长期居住在地质灾害影响区内的居民进行人员数量、人员结构等信息进行详细调查并编号记录。

将不同工况下滑坡运动轨迹和堆积范围内承灾体易损性进行叠加

分析，获得不同工况下滑坡风险评价成果，如图 4-10 所示。

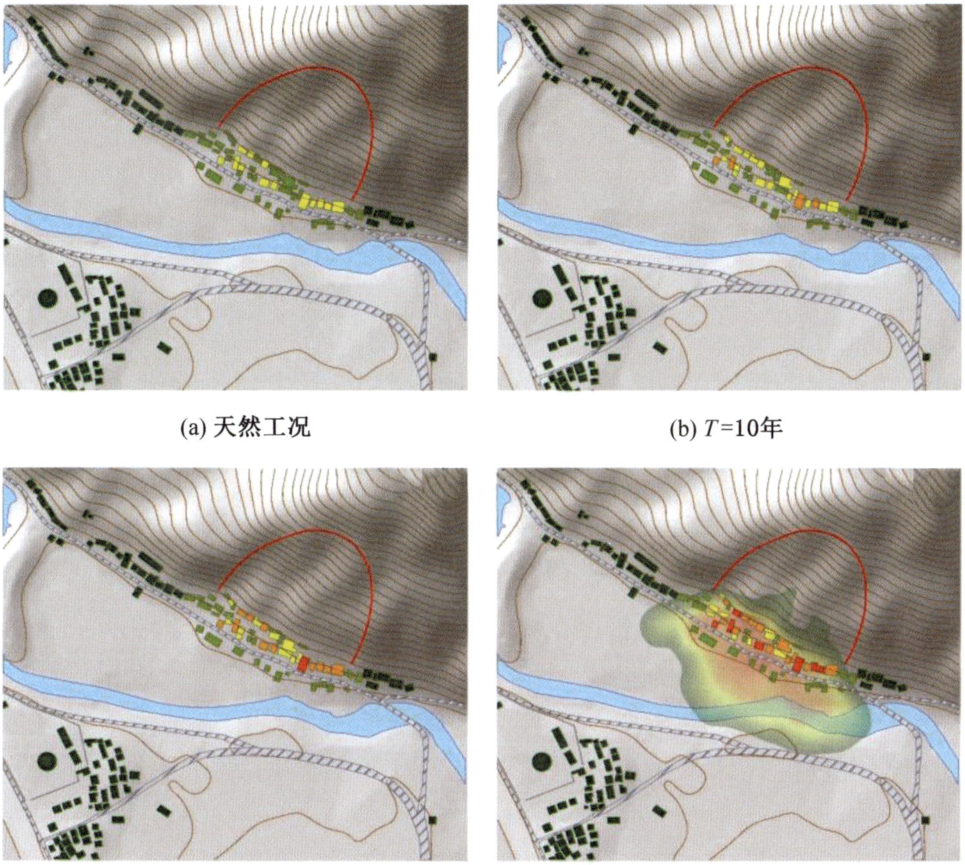

(a) 天然工况　(b) T=10年　(c) T=20年　(d) T=50年

图 4-10　不同工况下滑坡风险评价图

第五章 成 果 编 制

第一节 总 体 要 求

按照国务院普查办《第一次全国自然灾害综合风险普查实施方案（修订版)》、自然资源部办公厅《关于切实做好地质灾害风险普查工作的通知》和自然资源部地质勘查管理司《关于印发地质灾害风险普查成果汇交和入库管理办法（试行）的通知》等相关要求，地质灾害风险普查成果主要包括“一库”“两区划”和成果报告。其中，“一库”，即地质灾害隐患点数据库；“两区划”，即地质灾害风险区划图和防治区划图；成果报告，即地质灾害风险普查成果说明文档，主要对普查任务来源、工作区基础地质背景认识、地质灾害区域与典型机理模式认识、风险评价与区划、防治区划等内容进行阐述。

第二节 地质灾害隐患点数据库

各普查县（市、区）提交的地质灾害隐患点数据库，主要包括滑坡、崩塌、泥石流 3 类地质灾害隐患，内容上主要涵盖地质灾害隐患点的编号、名称、经度、纬度、规模等级、威胁人数、威胁财产、风险等级等信息，数据格式为 Access 数据库。地质灾害隐患点数据库内容及填写要求见表 5-1。

除数据库外，一并提交地质灾害隐患点分布矢量文件，其图层命名规则为“DZPC+县级行政区划代码”，数据格式为 SHP 格式，图件统一采用 2000 国家大地坐标系（CGCS2000)，属性字段内容同 Access

数据库。

对于不同普查县(市、区)已开展过勘查且资料完整、规模等级为大型以上的地质灾害隐患点，可视情况提交滑坡坡度、滑坡方向、崩塌方向、崩塌最大水平位移、崩塌最远落石距离、泥石流沟口扇形地扇长、泥石流沟口扇形地扇宽、泥石流沟口扇形地扩散角等数据。

表 5-1 地质灾害隐患点数据库内容及填写要求

数据表名称	字段名称	字段类型（长度）	是否必填项	填写说明
DZB+6 位县级行政区划代码	PCBH	文本型（50）	是	隐患点普查编号，自动生成
	YHMC	文本型（200）	是	隐患点名称
	XZQHBMA	文本型（6）	是	行政区划编码省
	XZQHBMB	文本型（6）	是	行政区划编码市
	XZQHBMC	文本型（6）	是	行政区划编码县
	YHLX	文本型（20）	是	隐患点类型：滑坡、崩塌、泥石流
	YHJD	浮点型	是	隐患点经度（°），如 115.658°
	YHWD	浮点型	是	隐患点纬度（°），如 30.748°
	GMDJ	文本型（20）	是	隐患点规模等级：巨型、特大型、大型、中型、小型
	WXRS	长整型	是	隐患点威胁人数（人）
	WXCC	浮点型	是	隐患点威胁财产（万元）
	FXDJ	文本型（20）	是	隐患点风险等级：极高、高、中、低
	HPPD	长整型	否	滑坡坡度（°）
	HPFX	长整型	否	滑坡方向（°）
	BTFX	长整型	否	崩塌方向（°）
	BTPY	长整型	否	崩塌最大水平位移（m）
	BTLJ	长整型	否	崩塌最远落石距离（m）
	NSLSC	浮点型	否	泥石流沟口扇形地扇长（m）
	NSLSK	浮点型	否	泥石流沟口扇形地扇宽（m）
	NSLKSJ	长整型	否	泥石流沟口扇形地扩散角（°）

注：已开展过勘查且资料完整、规模等级为大型以上的地质灾害隐患点需提供非必填项数据。

第三节　地质灾害区划图

一、地质灾害风险区划图

各省（自治区、直辖市）、各地市（州）、各地质灾害风险普查县（市、区）应按照《第一次全国自然灾害综合风险普查实施方案（修订版）》中任务量要求提交地质灾害风险区划矢量文件，其中：

（1）省级地质灾害风险区划编图比例尺为 1∶250000，地市级地质灾害风险区划编图比例尺为 1∶100000，县级地质灾害风险区划编图比例尺为 1∶50000。

（2）地质灾害风险区划矢量文件数据格式为 SHP 格式，图件统一采用 2000 国家大地坐标系（CGCS2000），属性内容要求见表 5-2。

表 5-2　地质灾害风险区划矢量文件属性内容及填写要求

矢量文件名称	字段名称	字段类型（长度）	是否必填项	填写说明
TQ2+2 位省级行政区划代码/ 4 位市级行政区划代码/6 位县级行政区划代码 . shp	分区面积	浮点型	是	地质灾害风险等级分区面积
	风险等级	文本型（20）	是	风险等级：极高风险区、高风险区、中风险区、低风险区

二、地质灾害防治区划图

各省（自治区、直辖市）、各地市（州）、各地质灾害风险普查县（市、区）应按照《第一次全国自然灾害综合风险普查实施方案（修订版）》中任务量要求提交地质灾害防治区划矢量文件，其中：

（1）省级地质灾害防治区划编图比例尺为 1∶250000，地市级地质灾害防治区划编图比例尺为 1∶100000，县级地质灾害防治区划编图比例尺为 1∶50000。

（2）地质灾害防治区划矢量文件数据格式为 SHP 格式，图件统一采用 2000 国家大地坐标系（CGCS2000），属性内容要求见表 5-3。

表 5-3　地质灾害防治区划矢量文件属性内容及填写要求

<table>
<tr><th>矢量文件名称</th><th>字段名称</th><th>字段类型（长度）</th><th>是否必填项</th><th>填写说明</th></tr>
<tr><td rowspan="2">TF2+2 位省级行政区划代码/ 4 位市级行政区划代码/6 位县级行政区划代码 . shp</td><td>分区面积</td><td>浮点型</td><td>是</td><td>地质灾害防治分区面积</td></tr>
<tr><td>防治分级</td><td>文本型（20）</td><td>是</td><td>防治分级：重点防治区、次重点防治区、一般防治区</td></tr>
</table>

三、地质灾害危险性评价图

17 个重点防治省份（山西、浙江、福建、江西、湖北、湖南、广东、广西、四川、重庆、贵州、云南、西藏、陕西、甘肃、青海、新疆）应提交省级地质灾害危险性评价矢量文件，其中：

（1）省级地质灾害危险性评价编图比例尺为 1∶250000。

（2）地质灾害危险性评价矢量文件数据格式为 SHP 格式，图件统一采用 2000 国家大地坐标系（CGCS2000），属性内容要求见表 5-4。

表 5-4　省级地质灾害危险性评价矢量文件属性内容及填写要求

<table>
<tr><th>矢量文件名称</th><th>字段名称</th><th>字段类型（长度）</th><th>是否必填项</th><th>填写说明</th></tr>
<tr><td rowspan="2">TE2+2 位省级行政区划代码 . shp</td><td>分区面积</td><td>浮点型</td><td>是</td><td>地质灾害危险性分区面积</td></tr>
<tr><td>危险性等级</td><td>文本型（20）</td><td>是</td><td>危险性等级：极高危险区、高危险区、中危险区、低危险区</td></tr>
</table>

第四节　地质灾害风险普查成果报告

根据《关于印发地质灾害风险普查成果汇交和入库管理办法（试行）的通知》要求，各省（自治区、直辖市）和新疆生产建设兵团、各地级市（州）、各地质灾害风险普查县（市、区）应提交地质灾害风险普查成果说明文档。其中：

（1）成果说明文档统一采用“省名/市名/县名地质灾害风险普查成果说明文档”进行命名。

（2）成果说明文档主要包括基本情况、地质灾害发育及分布特征、地质灾害风险区划、地质灾害防治区划等章节内容。

一、基本情况

概述本次调查工作的任务来源、目标任务等情况；简要描述调查区的地理位置与交通情况；收集区内相关资料，梳理和总结区域地质灾害相关的调查及成果认识；介绍本次调查工作所采用的技术方法、工作内容等。

二、地质灾害发育及分布特征

介绍工作区地质灾害发育数量、类型、威胁人数、威胁财产、分布规律等；简要分析影响区域地质灾害发育分布的主要孕灾背景条件等。

三、地质灾害风险区划

介绍地质灾害风险区划方法，包括易发性、危险性、易损性和风险评价的开展思路、技术方法、评价模型、指标体系、参数选择、精度分析与质量控制等内容；说明风险分区的空间分布、面积和风险等级等。

四、地质灾害防治区划

介绍地质灾害防治区划方法；基于风险评价区划结果，在充分掌握和了解区域地质灾害防治需求基础上，分类分级划分防治区，说明防治分区的空间分布、面积和防治分级等。

附录　风险普查调查表

附表 1　遥感解译点信息表

<table>
<tr><td colspan="2">遥感图像编号</td><td colspan="3"></td></tr>
<tr><td colspan="2">解译点编号</td><td></td><td>野外编号</td><td></td></tr>
<tr><td colspan="2">自然地理位置</td><td colspan="3">省　市　县（市、区）　乡（镇）　村　组</td></tr>
<tr><td colspan="2">面积/m^2</td><td></td><td rowspan="9">遥感影像</td><td rowspan="9"></td></tr>
<tr><td colspan="2">规模/$10^4 m^3$</td><td></td></tr>
<tr><td rowspan="4">地理坐标</td><td>X</td><td></td></tr>
<tr><td>Y</td><td></td></tr>
<tr><td>经度</td><td>°　′　″</td></tr>
<tr><td>纬度</td><td>°　′　″</td></tr>
<tr><td>解译点类型</td><td colspan="2">□滑坡　□崩塌　□泥石流
□地面塌陷　□地裂缝　□地面沉降
□地形地貌　□地质构造　□斜坡结构
□地层岩性　□土地利用
□人类工程活动</td></tr>
<tr><td>遥感影像特征</td><td colspan="2"></td></tr>
<tr><td>解译结果</td><td colspan="4"></td></tr>
</table>

附表 1（续）

野外验证结果	主要对灾害类型、面积范围、规模、变形破坏情况、承灾体特征、发展趋势等进行验证	野外验证照片	

核查与否	□核查　□未核查	审核人		顺序号	

项目负责人：　　解译人：　　验证人：　　解译时间：

解译单位：　　验证时间：

附表 2　路线小结记录格式及内容

日期	年　月　日— 月　日	地点	
路线编号		调查路线	
任务			
人员			
路线小结			

记录人：　　校核人：　　项目负责人：　　填表日期：　年　月　日

附表3　一般观测点记录表

<table>
<tr><td>调查编号</td><td colspan="2"></td><td>野外编号</td><td colspan="2"></td></tr>
<tr><td>地理位置</td><td colspan="5">省　　市　　县（市）　　乡　　村　　组</td></tr>
<tr><td rowspan="2">坐标</td><td>经度</td><td>°　′　″</td><td>纬度</td><td colspan="2">°　′　″</td></tr>
<tr><td>X</td><td></td><td>Y</td><td colspan="2"></td></tr>
<tr><td>点类型</td><td colspan="5">□地质灾害观测点　□地形地貌点　□地质构造点　□水文点
□地质环境问题点　□钻探孔位　□物探　□探槽
□坑探　□取样点　□其他________</td></tr>
<tr><td>灾害点
野外编号</td><td colspan="2"></td><td>灾害点名称</td><td colspan="2"></td></tr>
<tr><td>点描述</td><td colspan="5"></td></tr>
<tr><td>素描图或
示意图</td><td colspan="5">图例　□ 1　□ 2　□ 3　□ 4　□ 5　□ 6　□ 7　□ 8</td></tr>
<tr><td>备注</td><td colspan="5"></td></tr>
</table>

记录人：　　校核人：　　项目负责人：　　填表日期：　　年　　月　　日

附表4 孕灾地质条件调查表

<table>
<tr><td>调查编号</td><td colspan="2"></td><td>名称</td><td colspan="6"></td></tr>
<tr><td rowspan="3">野外编号</td><td colspan="2" rowspan="3"></td><td rowspan="3">地理位置</td><td colspan="6">省 市 县（市） 乡 村 组</td></tr>
<tr><td rowspan="2">坐标</td><td>经度</td><td>° ′ ″</td><td>纬度</td><td colspan="2">° ′ ″</td></tr>
<tr><td>X</td><td></td><td>Y</td><td colspan="2"></td></tr>
<tr><td rowspan="3">点类型</td><td colspan="9">□斜坡结构点 □地质构造点 □工程地质岩组点 □易崩易滑地层点
□其他点________</td></tr>
<tr><td>斜坡坡向</td><td colspan="3"></td><td colspan="2">斜坡坡度</td><td colspan="3"></td></tr>
<tr><td>岩体结构</td><td colspan="3"></td><td colspan="2">斜坡结构</td><td colspan="3"></td></tr>
<tr><td>产状</td><td colspan="2">倾向/(°)</td><td colspan="2">倾角/(°)</td><td rowspan="5">裂隙产状</td><td colspan="2">倾向/(°)</td><td colspan="2">倾角/(°)</td></tr>
<tr><td>岩层</td><td colspan="2"></td><td colspan="2"></td><td colspan="2"></td><td colspan="2"></td></tr>
<tr><td></td><td colspan="2"></td><td colspan="2"></td><td colspan="2"></td><td colspan="2"></td></tr>
<tr><td>断层</td><td colspan="2"></td><td colspan="2"></td><td colspan="2"></td><td colspan="2"></td></tr>
<tr><td></td><td colspan="2"></td><td colspan="2"></td><td colspan="2"></td><td colspan="2"></td></tr>
<tr><td rowspan="2">孕灾地质条件特征描述</td><td colspan="9">基础地质条件：主要包括地形地貌、地质构造、岩土体工程地质特征等
地形地貌：地貌形态，成因类型，地貌界线；微地貌形态、类型、坡度；悬崖、沟谷、河谷、河漫滩、阶地、沟谷、冲积扇等，微地貌组合特征、相对时代及其演化历史；人工地貌形态、规模及其稳定性
地质构造：断裂主断面的产状、性质、断距（垂直、视垂直），断层两侧岩层时代与产状，岩石变形情况，断层带构造岩破碎程度、结构特征、宽度，擦痕性质、活动强度和特征及其地貌地质证据等；褶皱的轴面产状、规模、变形岩层、变形形态及程度；构造节理裂隙产状、宽度、延伸、密度及充填情况等；软弱结构面对灾害的控制描述
岩土体工程地质特征：地层层序、地质时代、成因类型、岩石地层单元，岩性特征和接触关系，风化程度、强度及节理裂隙发育等工程地质特征；土体分布、成因类型、厚度及结构特征等；软弱层对灾害的控制描述；易崩易滑地层控灾作用</td></tr>
<tr><td colspan="9">地表水与地下水：地表水体发育情况，河流的洪水位、枯水位、流量等，相对河流的位置；与地下水相关的井、泉、湿地类型，含水层、隔水层特征等，地表水、地下水对地质灾害的影响</td></tr>
</table>

附表4（续）

孕灾地质条件特征描述	植被与土地利用类型：植被类型、覆盖率以及马刀树、醉汉林等斜坡变形指示标志及其与地质灾害的关系；旱地、水田、草地、灌木、森林、裸地、建设用地、工矿企业用地等及其与地质灾害的关系
	人类工程活动：切坡、堆载、植被破坏、爆破振动、矿山采掘、渠塘渗漏、灌溉渗漏、废水排放等，对地质灾害的影响程度
	其他地质作用与现象：地面变形，如地面塌陷、地面开裂等；特殊岩土灾害，如黄土湿陷、膨胀土胀缩、冻土冻融等；土地退化，如水土流失、土地沙化等；水动力作用，如泉水干涸、塌岸、淤积、溃决等
现象素描或示意图	图例 □1 □2 □3 □4 □5 □6 □7 □8
沿途观测	

注：主要用于区域代表性斜坡结构类型、活动构造、岩土体工程地质特征等。

记录人：　　　校核人：　　　项目负责人：　　　填表日期：　　年　月　日

附表5 滑坡及隐患调查表

<table>
<tr><td>调查编号</td><td colspan="3"></td><td>滑坡名称</td><td colspan="8"></td></tr>
<tr><td rowspan="3">野外编号</td><td colspan="3" rowspan="3"></td><td rowspan="3">地理位置</td><td colspan="8">省 市 县（市） 乡 村 组</td></tr>
<tr><td rowspan="2">坐标</td><td>经度</td><td colspan="2">° ′ ″</td><td colspan="2">纬度</td><td colspan="2">° ′ ″</td></tr>
<tr><td>X</td><td colspan="2"></td><td colspan="2">Y</td><td colspan="2"></td></tr>
<tr><td>滑体类型</td><td colspan="3">□岩质 □土质</td><td rowspan="2">斜坡结构类型</td><td colspan="8" rowspan="2">□土质斜坡（□黏性土类斜坡 □碎石类斜坡 □黄土类斜坡）
□岩质斜坡（□顺向坡 □斜向坡 □横向坡 □逆向坡 □近水平层状坡 □块状结构斜坡）</td></tr>
<tr><td>地层岩性</td><td colspan="3"></td></tr>
<tr><td>（潜在）滑面类型</td><td colspan="12">□无统一滑动面 □软弱夹层层面 □节理裂隙面 □风化剥蚀界面
□基覆界面 □其他________</td></tr>
<tr><td>宏观稳定性</td><td colspan="3">□不稳定
□基本稳定
□稳定</td><td>活动状态</td><td colspan="8">□蠕变阶段 □加速变形阶段 □破坏阶段
□休止阶段</td></tr>
<tr><td>扩展方式</td><td colspan="4">□推移式 □牵引式
□混合型</td><td colspan="2">滑坡时代</td><td colspan="6">□古滑坡 □老滑坡 □新滑坡</td></tr>
<tr><td>滑动时间</td><td colspan="12">年 月 日 时 分</td></tr>
<tr><td>产状</td><td colspan="2">倾向/(°)</td><td colspan="2">倾角/(°)</td><td colspan="2" rowspan="3">节理产状</td><td colspan="3">倾向/(°)</td><td colspan="3">倾角/(°)</td></tr>
<tr><td>岩层</td><td colspan="2"></td><td colspan="2"></td><td colspan="3"></td><td colspan="3"></td></tr>
<tr><td>断层</td><td colspan="2"></td><td colspan="2"></td><td colspan="3"></td><td colspan="3"></td></tr>
<tr><td>诱发因素</td><td colspan="12">□降雨 □地震 □河流侵蚀 □冻融 □切坡 □加载 □水事活动
□地下采掘 □其他________</td></tr>
<tr><td rowspan="2">滑坡形态</td><td>平面</td><td colspan="6">□半圆 □矩形 □舌形
□不规则</td><td>滑坡坡度/(°)</td><td colspan="3">主滑方向/(°)</td><td>实体勾绘</td></tr>
<tr><td>剖面</td><td colspan="6">□凸形 □凹形 □直线 □阶梯
□复合</td><td></td><td colspan="3"></td><td>□是
□否</td></tr>
</table>

附表 5（续）

前缘高程/m	后缘高程/m	长/m	宽/m	滑体平均厚度/m	滑坡面积/m^2	滑体体积/m^3	规模等级
							□巨型 □特大型 □大型 □中型 □小型
死亡人数/人				直接损失/万元		灾情等级	□特大型 □大型 □中型 □小型
威胁人数/人				威胁财产/万元		险情等级	□特大型 □大型 □中型 □小型
承灾体调查	人员：□居民____户____人，其中□0～14 岁____人 □15～59 岁____人 □60 岁及以上____人 基础设施：□房屋____间， 其中□钢结构____间 □钢混____间 □砖混____间 □砖木____间 □土坯____间 □其他____ □学校____个 □医院____个 □矿山____座 □工厂____座 □公路____m □铁路____m □水库____座 □电站____座 □输电线路____m □通信设施____座 □其他____						
防治措施	□有 □无	防治类型	□截排水 □锚固 □支挡 □坡面防护 □滑体、滑带改造 □群测群防 □专业监测 □避险搬迁 □其他：________				
		防治措施建议	□立警示牌 □定期巡视 □搬迁避让 □群测群防 □工程治理 □排危除险 □专业监测 □其他________				
遥感解译点	□是 □否	勘查点	□是 □否	测绘点	□是 □否	防灾预案/群测群防点	□是 □否
风险定性评价	□极高 □高 □中 □低						

附表 5（续）

地质环境条件	主要是对滑坡发育环境的描述，主要包括地形地貌、地层岩性及岩性组合、地质构造、斜坡结构特征、地表水及地下水、人类工程活动、植被与土地利用等
滑坡基本特征	边界条件、形态特征及物质结构：滑坡陡坎、后壁发育状况，侧边界、前缘、剪出口是否发育可辨，滑体岩性、厚度、结构，滑面及滑带形态、岩性、产状等
	变形特征及活动历史：拉张裂缝，剪切裂缝，地面隆起，地面陷落，剥、坠落，树木歪斜，建筑变形，冒渗浑水等
稳定性分析	现状稳定性分析：变形所处阶段，可能的滑动方式和规模，潜在影响范围及判断依据，潜在诱发因素等
危害程度	危害程度：历史灾情、成灾模式；已造成危害情况；滑坡影响范围内的人员、财产及基础设施，滑坡对基础设施的破坏方式，潜在威胁对象及可能的损失

附表 5（续）

平面图和剖面图	图例 □ 1 □ 2 □ 3 □ 4 □ 5 □ 6 □ 7 □ 8 图例 □ 1 □ 2 □ 3 □ 4 □ 5 □ 6 □ 7 □ 8

记录人：　　校核人：　　项目负责人：　　填表日期：　　年　月　日

附表6 崩塌（危岩体）及隐患调查表

<table>
<tr><td>调查编号</td><td colspan="2"></td><td>崩塌名称</td><td colspan="5"></td></tr>
<tr><td rowspan="3">野外编号</td><td rowspan="3" colspan="2"></td><td rowspan="3">地理位置</td><td colspan="5">省 市 县（市） 乡 村 组</td></tr>
<tr><td rowspan="2">坐标</td><td>经度</td><td>° ′ ″</td><td>纬度</td><td>° ′ ″</td></tr>
<tr><td>X</td><td></td><td>Y</td><td></td></tr>
<tr><td>地层岩性</td><td colspan="2"></td><td>斜坡结构类型</td><td colspan="5">□土质斜坡（□黏性土类斜坡 □碎石类斜坡 □黄土类斜坡）
□岩质斜坡（□顺向坡 □斜向坡 □横向坡 □逆向坡 □近水平层状坡 □块状结构斜坡）</td></tr>
<tr><td>崩塌类型</td><td colspan="2">□岩质
□土质</td><td>控制结构面类型</td><td colspan="5">□卸荷裂隙 □软弱夹层层面 □节理裂隙
□风化剥蚀界面 □基覆界面 □其他______</td></tr>
<tr><td>运动形式</td><td colspan="8">□倾倒式 □滑移式 □坠落式</td></tr>
<tr><td>宏观稳定性评价</td><td colspan="2">□不稳定
□基本稳定
□稳定</td><td>活动状态</td><td colspan="5">□初始开裂阶段 □加速变形阶段
□破坏阶段 □休止阶段</td></tr>
<tr><td>崩塌源扩展方式</td><td colspan="3">□向前推移 □向后扩展
□扩大型 □缩减型
□约束型</td><td>崩塌时间</td><td colspan="4">年 月 日 时 分</td></tr>
<tr><td>主崩方向/(°)</td><td>崩塌源高程/m</td><td>最大落差/m</td><td colspan="2">最大水平位移/m</td><td>崩塌源宽度/m</td><td>崩塌源厚度/m</td><td>崩塌源面积/m^2</td><td>崩塌源体积/m^3</td></tr>
<tr><td></td><td></td><td></td><td colspan="2"></td><td></td><td></td><td></td><td></td></tr>
<tr><td>产状</td><td>倾向/(°)</td><td colspan="2">倾角/(°)</td><td rowspan="4" colspan="2">节理裂隙</td><td colspan="2">倾向/(°)</td><td>倾角/(°)</td></tr>
<tr><td>岩层</td><td></td><td colspan="2"></td><td colspan="2"></td><td></td></tr>
<tr><td>断裂</td><td></td><td colspan="2"></td><td colspan="2"></td><td></td></tr>
<tr><td></td><td></td><td colspan="2"></td><td colspan="2"></td><td></td></tr>
<tr><td>诱发因素</td><td colspan="8">□降雨 □地震 □侵蚀 □冻融 □切坡 □加载
□水事活动 □地下采掘 □其他________</td></tr>
</table>

附表 6（续）

<table>
<tr><td>堆积体平均厚度/m</td><td>堆积体面积/m^2</td><td>堆积体体积/m^3</td><td>最远落石距离/m</td><td>规模等级</td><td colspan="3">□巨型 □特大型 □大型
□中型 □小型</td></tr>
<tr><td></td><td></td><td></td><td></td><td>灾情等级</td><td colspan="3">□特大型 □大型
□中型 □小型</td></tr>
<tr><td>死亡人数/人</td><td></td><td>直接损失/万元</td><td></td><td>险情等级</td><td colspan="3">□特大型 □大型
□中型 □小型</td></tr>
<tr><td>威胁人数/人</td><td></td><td>威胁财产/万元</td><td></td><td></td><td colspan="3"></td></tr>
<tr><td>承灾体调查</td><td colspan="7">人员：□居民____户____人，其中□0～14 岁____人 □15～59 岁____人
□60 岁及以上____人
基础设施：□房屋___间，其中□钢结构___间 □钢混____间 □砖混____间
□砖木____间 □土坯____间 □其他________
□学校____个 □医院____个 □矿山____座 □工厂____座
□公路____ m □铁路____ m □水库____座 □电站____座
□输电线路____ m □通信设施____座 □其他________</td></tr>
<tr><td rowspan="2">防治措施</td><td rowspan="2">□有
□无</td><td>防治类型</td><td colspan="5">□清危 □截排水 □锚固 □支挡 □护坡
□被动防护 □群测群防 □专业监测
□避险搬迁 □其他________</td></tr>
<tr><td>防治措施建议</td><td colspan="5">□立警示牌 □定期巡视 □搬迁避让
□群测群防 □工程治理 □排危除险
□专业监测 □其他________</td></tr>
<tr><td>遥感解译点</td><td>□是
□否</td><td>勘查点</td><td>□是
□否</td><td>测绘点</td><td>□是
□否</td><td>防灾预案/群测群防点</td><td>□是
□否</td></tr>
<tr><td>风险定性评判</td><td colspan="7">□极高 □高 □中 □低</td></tr>
</table>

附表 6（续）

地质环境条件	主要描述崩塌发育的地质环境基本特征：如地形地貌、地层岩性及岩性组合、地质构造、斜坡结构及水文地质、植被土地利用、人类工程活动等
崩塌（危岩体）基本特征	崩塌源区：边界条件，危岩体岩性及岩体结构，控制结构面产状，卸荷裂隙发育特征及其组合形式、交切特点、贯通情况、变形迹象及变形历史等
	崩塌堆积体：几何形态，厚度、规模，新鲜程度；岩性及分选状态与空间分布特征、最远落石距离、稳定性等
	崩塌路径区：路径区斜坡几何形态、地层岩性、植被发育情况；是否有建筑设施等
稳定性分析	不同概率降雨、地震或人工扰动情况下特定规模崩塌稳定性分析
危害程度	人员伤亡、财产损失情况；崩塌影响范围内的人员、财产、设施等情况及可能的成灾模式

附表 6（续）

平面图和剖面图	图例 □1 □2 □3 □4 □5 □6 □7 □8 图例 □1 □2 □3 □4 □5 □6 □7 □8

记录人：　　　　校核人：　　　　项目负责人：　　　　填表日期：　　年　　月　　日

附表7 泥石流及隐患调查表

<table>
<tr><td colspan="2">调查编号</td><td></td><td>沟谷名称</td><td colspan="9"></td></tr>
<tr><td colspan="2" rowspan="3">野外编号</td><td rowspan="3"></td><td rowspan="3">沟口位置</td><td colspan="9">省 市 县（市） 乡 村 组</td></tr>
<tr><td rowspan="2">坐标</td><td>经度</td><td colspan="3">° ′ ″</td><td>纬度</td><td colspan="3">° ′ ″</td></tr>
<tr><td>X</td><td colspan="3"></td><td>Y</td><td colspan="3"></td></tr>
<tr><td colspan="2">物质组成</td><td>□泥石流
□水石流
□泥流</td><td>物源补给方式</td><td colspan="9">□坡面侵蚀 □沟岸崩塌滑坡 □沟床侵蚀
□坝体堵溃 □远程滑坡 □其他____</td></tr>
<tr><td rowspan="2">高程</td><td>沟口/m</td><td></td><td rowspan="2">沟长/m</td><td rowspan="2"></td><td rowspan="2">水源类型</td><td colspan="7" rowspan="2">□暴雨型 □溃决型 □冰雪融水型
□泉水型 □其他________</td></tr>
<tr><td>沟顶/m</td><td></td></tr>
<tr><td colspan="2" rowspan="2">沟口扇形地特征</td><td>扇形地完整性/%</td><td></td><td>扇顶至扇缘主轴坡降/‰</td><td></td><td>扇面发展趋势</td><td colspan="6">□淤高
□下切</td></tr>
<tr><td>扇长/m</td><td></td><td>扇宽/m</td><td></td><td>扩散角/(°)</td><td></td><td>沟口至主河道距离/m</td><td colspan="5"></td></tr>
<tr><td colspan="2" rowspan="2">土地利用情况/%</td><td>缓坡耕地</td><td>陡坡耕地</td><td>乔木林地</td><td>乔灌木</td><td>灌丛</td><td>草地</td><td>荒地</td><td>建筑用地</td><td colspan="3">其他</td></tr>
<tr><td></td><td></td><td></td><td></td><td></td><td></td><td></td><td></td><td colspan="3"></td></tr>
<tr><td colspan="2">泥石流最大冲出方量/m³</td><td></td><td>堆积区泥位/m</td><td></td><td>规模等级</td><td>□特大型
□大型
□中型
□小型</td><td>实体勾绘</td><td colspan="5">□是
□否</td></tr>
<tr><td colspan="2">死亡人数/人</td><td></td><td>直接损失/万元</td><td></td><td>灾情等级</td><td colspan="7">□特大型 □大型
□中型 □小型</td></tr>
<tr><td colspan="2">威胁人数/人</td><td></td><td>威胁财产/万元</td><td></td><td>险情等级</td><td colspan="7">□特大型 □大型
□中型 □小型</td></tr>
</table>

附表 7（续）

<table>
<tr><td>承灾体调查</td><td colspan="7">人员：□居民____户____人，其中□0~14 岁____人 □15~59 岁____人
□60 岁及以上____人
基础设施：□房屋____间，其中□钢结构____间 □钢混____间
□砖混____间 □砖木____间 □土坯____间
□其他________
□学校____个 □医院____个 □矿山____座 □工厂____座
□公路____ m □铁路____ m □水库____座 □电站____座
□输电线路____ m □通信设施____座 □其他________</td></tr>
<tr><td rowspan="2">防治措施</td><td rowspan="2">□有
□无</td><td>防治类型</td><td colspan="5">□拦挡 □排导 □穿越 □防护 □停淤场
□生物措施 □群测群防 □专业监测
□避险搬迁 □其他________</td></tr>
<tr><td>防治措施建议</td><td colspan="5">□立警示牌 □定期巡视 □搬迁避让 □群测群防
□工程治理 □排危除险 □专业监测
□其他________</td></tr>
<tr><td>遥感解译点</td><td>□是
□否</td><td>勘查点</td><td>□是
□否</td><td>测绘点</td><td>□是
□否</td><td>防灾预案/群测群防点</td><td>□是
□否</td></tr>
<tr><td>风险定性评判</td><td colspan="7">□极高 □高 □中 □低</td></tr>
<tr><td>泥石流沟宏观特征</td><td colspan="7">主要描述物源区、流通区、堆积区特征（流域汇水面积，松散物质成因类型、粒度成分、结构，储量）及水动力来源特征等</td></tr>
<tr><td>泥石流活动历史</td><td colspan="7"></td></tr>
</table>

附表 7（续）

<table>
<tr><td>泥石流危险性分析</td><td colspan="7"></td></tr>
<tr><td>危害性分析</td><td colspan="7">已有造成损失情况及破坏方式，冲击、淤埋、淹没；未来可能造成损失的范围、破坏的方式</td></tr>
<tr><td>其他补充性说明</td><td colspan="7"></td></tr>
<tr><td colspan="8">泥石流综合评判</td></tr>
<tr><td>1. 不良地质现象</td><td colspan="4">□严重 □中等
□轻微 □一般</td><td colspan="2">2. 补给段长度比/%</td><td></td></tr>
<tr><td>3. 沟口扇形地</td><td colspan="4">□大 □中 □小 □无</td><td colspan="2">4. 主沟纵坡/‰</td><td></td></tr>
<tr><td>5. 新构造影响</td><td colspan="4">□强烈上升区 □上升区
□相对稳定区 □沉降区</td><td colspan="2">6. 植被覆盖率/%</td><td></td></tr>
<tr><td>7. 冲淤变幅/m</td><td>±</td><td>8. 岩性因素</td><td colspan="5">□土及软岩 □软硬相间
□风化和节理发育的硬岩 □硬岩</td></tr>
<tr><td>9. 松散物储量/
[$10^4 m^3 \cdot (km^2)^{-1}$]</td><td></td><td>10. 山坡坡度/(°)</td><td></td><td colspan="2">11. 沟槽横断面</td><td colspan="2">□V 形谷（谷中谷、U 形谷）
□拓宽 U 形谷
□复式断面 □平坦型</td></tr>
</table>

附表 7（续）

<table>
<tr><td>12. 松散物平均厚度/m</td><td colspan="5"></td><td colspan="4">13. 流域面积/km^2</td><td colspan="7"></td></tr>
<tr><td>14. 相对高差/m</td><td colspan="5"></td><td colspan="4">15. 堵塞程度</td><td colspan="7">□严重　□中等
□轻微　□无</td></tr>
<tr><td rowspan="2">评　分</td><td>1</td><td>2</td><td>3</td><td>4</td><td>5</td><td>6</td><td>7</td><td>8</td><td>9</td><td>10</td><td>11</td><td>12</td><td>13</td><td>14</td><td>15</td><td>总分</td></tr>
<tr><td></td><td></td><td></td><td></td><td></td><td></td><td></td><td></td><td></td><td></td><td></td><td></td><td></td><td></td><td></td><td></td></tr>
<tr><td>易发程度</td><td colspan="5">□极易发　□易发
□轻度易发
□不易发</td><td colspan="3">发展阶段</td><td colspan="8">□发展期　□活跃期　□衰退期
□停歇或终止期</td></tr>
<tr><td>示意图</td><td colspan="16">图例 □1 □2 □3 □4 □5 □6 □7 □8</td></tr>
</table>

记录人：　　校核人：　　项目负责人：　　填表日期：　　年　月　日

附表8 泥石流评分参考表

序号	影响因素	量级划分							
		极易发（A）	得分	易发（B）	得分	轻度易发（C）	得分	不易发（D）	得分
1	崩塌滑坡及水土流失（自然和人为的）的严重程度	崩塌滑坡等重力侵蚀严重，多深层滑坡和大型崩塌，表土疏松，冲沟十分发育	21	崩塌滑坡发育，多浅层滑坡和中小型崩塌，有零星植被覆盖，冲沟发育	16	有零星崩塌、滑坡和冲沟存在	12	无崩塌、滑坡、冲沟或发育轻微	1
2	泥沙沿程补给长度比/%	>60	16	60~30	12	30~10	8	<10	1
3	沟口泥石流堆积活动	河形弯曲或堵塞，大河主流受挤压偏移	14	河形无较大变化，仅大河主流受迫偏移	11	河形无变化，大河主流在高水偏，低水不偏	7	无河形变化，主流不偏	1
4	河沟纵坡降/‰	>213	12	213~105	9	105~52	6	<52	1
5	区域构造影响程度	强抬升区，6级以上地震区	9	抬升区，4~6级地震区，有中小支断层或无断层	7	相对稳定区，4级以下地震区，有小断层	5	沉降区，构造影响小或无影响	1
6	流域植被覆盖率/%	<10	9	10~30	7	30~60	5	>60	1

附表 8（续）

序号	影响因素	量级划分							
		极易发（A）	得分	易发（B）	得分	轻度易发（C）	得分	不易发（D）	得分
7	河沟近期一次变幅/m	>2	8	2~1	6	1~0.2	4	<0. 2	1
8	岩性影响	软岩、黄土	6	软硬相间	5	风化和节理发育的硬岩	4	硬岩	1
9	沿沟松散物贮量/[$10^4m^3\cdot(km^2)^{-1}$]	>10	6	10~5	5	5~1	4	<1	1
10	沟岸山坡坡度/(°)	>32	6	32~25	5	25~15	4	<15	1
11	产沙区沟槽横断面	V形谷、谷中谷、U形谷	5	拓宽U形谷	4	复式断面	3	平坦型	1
12	产沙区松散物平均厚度/m	>10	5	10~5	4	5~1	3	<1	1
13	流域面积/km^2	<5	5	5~10	4	10~100	3	>100	1
14	流域相对高差/m	>500	4	500~300	3	300~100	3	<100	1
15	河沟堵塞程度	严重	4	中等	3	轻微	2	无堵塞	1
建议根据得分可划分为极易发（116~130），易发（87~115），轻度易发（44~86），不易发（15~43）									

参 考 文 献

[1] 中华人民共和国自然资源部．地质灾害风险调查评价技术要求（1∶50000）(试行)［S］. 2020.

[2] 中国地质调查局 . DD 2019—06 工程地质调查技术要求（1∶50000）. 2019.

[3] 中华人民共和国国土资源部 . DZ/T 0261—2014 滑坡崩塌泥石流灾害调查规范（1∶50000）［S］. 北京：中国标准出版社，2015.

[4] 中华人民共和国住房和城乡建设部，国家市场监督管理总局 . GB/T 50123—2019 土工试验方法标准［S］. 北京：中国计划出版社，2019.

[5] 中华人民共和国住房和城乡建设部，中华人民共和国国家质量监督检验检疫总局 . GB/T 50266—2013 工程岩体试验方法标准［S］. 北京：中国计划出版社，2013.

[6] 中华人民共和国国土资源部 . DZ/T 0283—2015 地面沉降调查与监测规范［S］. 北京：地质出版社，2015.

[7] 中国地质调查局 . DD 2015—01 地质灾害遥感调查技术规定 . 2015.

[8] 中华人民共和国住房和城乡建设部，中华人民共和国国家质量监督检验检疫总局 . GB 50021—2001 岩土工程勘察规范（2009 年版）［S］. 北京：中国建筑工业出版社，2009.

[9] 中华人民共和国国家质量监督检验检疫总局，中国国家标准化管理委员会 . GB/T 32864—2016 滑坡防治工程勘查规范［S］. 北京：中国标准出版社，2016.

[10] 中华人民共和国国家质量监督检验检疫总局，中国国家标准化管理委员会 . GB 18306—2015 中国地震动参数区划图［S］. 北京：中国标准出版社，2015.

[11] 中华人民共和国国土资源部 . DZ/T 0273—2015 地质资料汇交规范［S］. 北京：中国标准出版社，2015.

[12] 武雪玲，任福，牛瑞卿，等．斜坡单元支持下的滑坡易发性评价支持向量机模型［J］. 武汉大学学报（信息科学版），2013，38(12)：1499-1503.

[13] 薛强，张茂省，李林．基于斜坡单元与信息量法结合的宝塔区黄土滑坡

易发性评价［J］. 地质通报，2015，34(11)：2108-2115.
［14］宋高举，黄继超，吴东民. 基于斜坡单元划分法的汝阳县地质灾害易发性区划［J］. 地质灾害与环境保护，2015，1006-4362(2015)01-0103-05.
［15］黄启乐，陈伟，唐绪波，等. 区域地质灾害评价中斜坡单元划分方法研究［J］. 1004-4574(2017)05-0157-08.
［16］杜娟，殷坤龙，陈丽霞. 基于 GIS 的巴东县新城区滑坡灾害危险性区划［J］. 自然灾害学报，2011，20(1)：149-155.
［17］周启鸣，刘学军. 数字地形分析［M］. 北京：科学出版社，2006.
［18］汤国安，杨昕. ArcGIS 地理信息系统空间分析实验教程［M］. 北京：科学出版社，2006.
［19］孔凡哲，李莉莉. 利用 DEM 提取河网时集水面积阈值的确定［J］. 水电能源科学，2005，23(4)：65-67.
［20］熊立华，郭生练. 基于 DEM 的数字河网生成方法的探讨［J］. 长江科学院院报，2003，20(4)：14-17.
［21］丁明涛，庙成. 基于 GIS 的芦山地震灾区滑坡灾害风险评价［J］. 自然灾害学报，2014，23(4)：81-90.
［22］兰恒星，伍法权，周成虎，等. 基于 GIS 的云南小江流域滑坡因子敏感性分析［J］. 岩石力学与工程学报，2002，21(10)：1500-1506.
［23］兰恒星，伍法权，王思敬. 基于 GIS 的滑坡 CF 多元回归模型及其应用［J］. 山地学报，2002，20(6)：732-737.
［24］兰恒星. 云南小江流域滑坡关键影响因子研究［J］. 中国地质灾害与防治学报，2003，14(1)：130-132.
［25］李媛，杨旭东. 降雨诱发区域性滑坡预报预警方法研究［J］. 水文地质工程地质，2006，33(2)：29-31.
［26］刘艳辉，刘传正，连建发，等. 基于显式统计原理的地质灾害区域预警方法初步研究［J］. 中国地质，2008，35(2)：344-350.
［27］唐川. 云南怒江流域泥石流敏感性空间分析［J］. 地理研究，2005，24(2)：178-183.
［28］田春山，刘希林，汪佳，等. 基于 CF 和 Logistic 回归模型的广东省地质灾害易发性评价［J］. 水文地质工程地质，2016，43(6)：154-161，170.

[29] 孙小凡，张鹏，党超，等. 基于 GIS 的城市滑坡灾害易发性评价——以湖北省宜昌市城区为例 [J]. 水土保持通报，2018，38(6)：304-309.

[30] 张春山，张业成，马寅生，等. 区域地质灾害风险评价要素权值计算方法及应用——以黄河上游地区地质灾害风险评价为例 [J]. 水文地质工程地质，2006，(6)：84-88.

[31] 张春山，李国俊，张业成. 黄河上游地区崩塌滑坡泥石流地质灾害风险评价 [J]. 地质力学学报，2006，12(2)：211-218.

[32] 张春山，何淑军，辛鹏. 陕西省宝鸡市渭滨区地质灾害风险评价 [J]. 地质通报，2009，28(8)：1053-1063.

[33] 乔建平，石莉莉，王萌. 基于贡献权重叠加法的滑坡风险区划 [J]. 地质通报，2008，27(11)：1787-1794.

[34] 田宏岭，乔建平，王萌，等. 基于危险度区划的县级区域降雨引发滑坡的风险预警方法——以四川省米易县降雨滑坡为例 [J]. 地质通报. 2009，28(8)：1093-1097.

[35] 乔建平，杨宗佶. 区域滑坡风险综合评估的三要素 [J]. 工程地质学报，2012，20(1)：1-6.

[36] 乔建平，王萌，石莉莉. 区域滑坡风险评估中的风险区划与概率分析 [J]. 自然灾害学报，2012，21(2)：51-56.

[37] 高华喜，殷坤龙. 基于 GIS 的滑坡灾害风险空间预测 [J]. 自然灾害学报，2011，20(1)：31-36.

[38] 王雁林，郝俊卿，赵法锁，等. 陕西省地质灾害风险区划初步研究 [J]. 西安科技大学学报，2011，31(1)：46-53.

[39] 彭令，牛瑞卿，赵艳南. 区域滑坡灾害风险评估——以长江三峡库区秭归县为例 [J]. 吉林大学学报（地球科学版），2013，43(3)：891-901.

[40] 徐兴华，唐小明，游省易，等. 东南沿海山区小流域突发地质灾害动态风险评价与应急预警 [J]. 灾害学，2018，33(4)：78-85，92.

[41] 殷坤龙，陈丽霞，张桂荣. 区域滑坡灾害预测预警与风险评价 [J]. 地学前缘，2007，14(6)：85-97.

[42] 吴益平，殷坤龙，姜玮. 浙江省永嘉县滑坡灾害风险预警研究 [J]. 自然灾害学报，2009，18(2)：124-130.

[43] 唐亚明，张茂省，李林，等. 滑坡易发性危险性风险评价例析 [J]. 水文地质与工程地质，2011，38(2)：125-129.

[44] 朱良峰，吴信才，殷坤龙．基于信息量模型的中国滑坡灾害风险区划研究［J］. 地球科学与环境学报，2004，26(3)：52-56.

[45] 刘希林，余承君，尚志海．中国泥石流滑坡灾害风险制图与空间格局研究［J］. 2011，19(5)：721-731.

[46] 李春燕，孟晖，张若琳，等．中国县域单元地质灾害风险评估［J］. 水文地质工程地质，2017，44(2)：160-166.

[47] 史培军．三论灾害研究的理论与实践［J］. 自然灾害学报，2002，11(3)：1-9.

[48] 史培军．四论灾害系统研究的理论与实践［J］. 自然灾害学报，2005，14(6)：1-6.

[49] 谢贤健，韦方强，兰代萍．小江流域滑坡对土地利用的敏感性［J］. 自然灾害学报，2011，20(1)：115-123.

[50] 何晓群．多元统计分析［M］. 3 版．北京：中国人民大学出版社，2012.

[51] 薛薇．统计分析与 SPSS 的应用［M］. 3 版．北京：中国人民大学出版社，2011.

图书在版编目（CIP）数据

地质灾害风险普查与评价 / 国务院第一次全国自然灾害综合风险普查领导小组办公室编著. -- 北京：应急管理出版社，2021

第一次全国自然灾害综合风险普查培训教材

ISBN 978-7-5020-9151-4

Ⅰ.①地… Ⅱ.①国… Ⅲ.①地质灾害—普查—中国—技术培训—教材 Ⅳ.①P694

中国版本图书馆 CIP 数据核字（2021）第244114号

地质灾害风险普查与评价

（第一次全国自然灾害综合风险普查培训教材）

编　　著　国务院第一次全国自然灾害综合风险普查领导小组办公室
责任编辑　郑素梅
编　　辑　孔　晶　李雨恬
责任校对　李新荣
封面设计　罗针盘

出版发行　应急管理出版社（北京市朝阳区芍药居 35 号　100029）
电　　话　010-84657898（总编室）　010-84657880（读者服务部）
网　　址　www. cciph. com. cn
印　　刷　北京盛通印刷股份有限公司
经　　销　全国新华书店

开　　本　710mm × 1000mm 1/16　**印张**　7　**字数**　86 千字
版　　次　2021 年 12 月第 1 版　2021 年 12 月第 1 次印刷
社内编号　20211195　**定价**　28.00 元